蒸氣龐克

袖珍屋教本

作品介紹

武士刀製作：K

偵探物語 第一回 天使降臨小鎮！

〝偵探物語〞

※ 足立

相關資料
30-31頁
60-61頁

自由鎮是一座惡人橫行的小鎮，外人則稱這裡為BAT CITY。某天，一名女孩從隔壁鎮的教堂來到位於鎮上一角的K☆偵探社，尋求偵探K的協助。

「我想請偵探先生幫我找回莉莉。」

女孩交出裝滿零錢的撲滿，希望偵探幫她找尋小貓，對故事發展產生了重大影響。

這是機器人偵探K（海堂K）與年幼的修女（夏河天使，六歲）為了找貓所展開的冒險故事。K與天使想要找回小貓莉莉，名為魔犬組的幫派則在一旁虎視眈眈。小貓身上究竟藏有什麼祕密……？

故事的舞台是一個機器人也有靈魂，人類與機器人一同生活的世界「布萊梅」。自由鎮過去曾因蒸氣能源而繁榮，但如今能源已經枯竭，惡徒在此為非作歹，於是有了BAT CITY這個別名。過去被視為活神仙的「煙天」如今也已行蹤不明，但仍有多人在此努力求生。

機器人偵探海堂K所開的K☆偵探社位在市區外圍，總是有各式各樣的案子上門，K便與住在附近的車行第二代老闆佃太郎聯手一一解決。

博士與我最初的故事

※ 足立

相關資料
32-33頁

"

故事發生以機器人技術著稱的國家——「布萊梅」。

失去了家人，孤獨的機器人工程師貝內特某天做出了具有心智的機器人「皮諾丘」，一段神奇又美妙的故事就此揭開序幕。

布萊梅擁有先進的機器人技術，過去曾因蒸氣能源盛極一時，優秀的機器人工程師貝內特原本也擁有幸福美滿的家庭。

他的妻子同樣是優秀的機器人工程師，個性溫柔，彼此因為欣賞對方的才華而墜入愛河。他們生下了一個可愛的男孩，不僅頭腦聰明，也十分乖巧。但在孩子七歲時，某次實驗中貝內特使用了過多蒸氣能源，導致實驗室爆炸，妻子與當天正好來實驗室玩的兒子受到波及而喪生，貝內特自己也失去了左手與右腿，在與死神搏鬥之後總算保住性命。

在那之後，他的人生完全變了調。貝內特成了一個孤僻的人，將自己關在研究室裡，幾乎不對流浪貓費加洛、擔任助手的蟋蟀機器人吉米尼以外的對象說話，一心一意開發自己的機器人。過了好幾年後的某一天，他在偶然間做出了擁有心智的機器人皮諾丘。

「爸、爸。」皮諾丘張開眼睛說道。

這是多麼美妙的一句話啊。告別了孤獨的貝內特與擁有心智的機器人皮諾丘，就此發展出屬於他們的故事。

" Ladies and gentlemen !

吐著陣陣白煙的蒸氣人偶馬戲團在寒冬中造訪，
這是鎮上一年一度的盛事。

這是馬戲團的團長，沒有人知道他的名字，大家
都叫他「團長」。

團長的結晶大腦已經幾乎長滿了玻璃容器，經過
了長年運作，他想必擁有豐富的知識吧。

我們這些觀眾都在等待團長的信號。

他在圓形舞台上敲著手杖，六條腿踏出華麗的舞
步。接著，他背後的音樂盒奏起了開幕的旋律。

這就是表演開始的信號。

團員們陸續從帳篷現身，即將帶來精采的表演。

※

遠藤大樹

相關資料
58頁

要遲到了，沒時間啦！

~ 土屋美保

「要遲到了，沒時間啦！！」這是我某天追趕一隻會說話的神奇兔子時發生的故事。

我跟著兔子跳進了一個洞穴，裡面許多我從未看過的齒輪和機械突然吐出蒸氣，猛烈運作了起來。眼前的搖晃與不適感就像頭暈般，我強忍下來，喝了一口放在那裡的飲料。結果我的身體突然變小，鑽過了自己原本絕不可能過得了的小門，穿越一個又一個不可思議的空間後，我不禁好奇，自己來到的地方究竟是現實世界？幻想？某個人的房間？還是森林裡？

我踏出腳步，前往在異世界舉辦的下午茶派對。

相關資料
34-35頁
76-77頁

7

第7區

迷你廚房庵

河合行雄

相關資料
36-37頁

地球上大多數的地方都因為 Earth Impact 而毀滅，成為了不毛之地。

雖然對生命的存在已經感到絕望，但存活下來的人仍建立了新的殖民地。

富有階級的殖民地保障了生存，第7區這裡不僅去除了污染物質，還能自行製造人類存活所需的空氣，讓生命得以延續。

但是，只要踏出外面的世界一步，肺部就會瞬間灼傷，因此出入口都以兩道門嚴密封上。

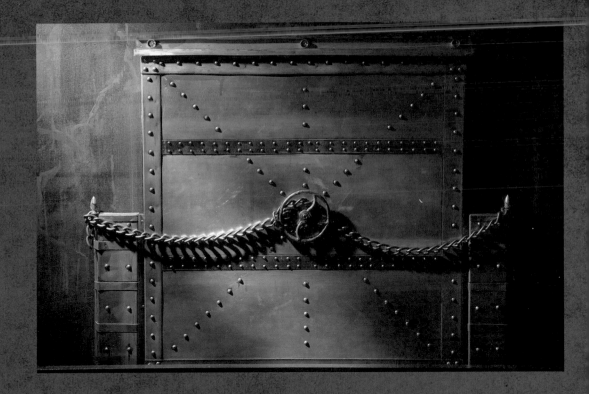

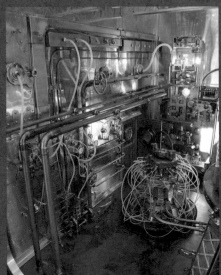

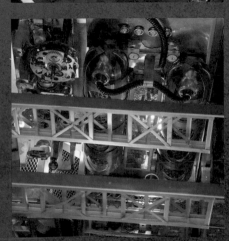

平行世界電梯

迷你廚房庵
≋ 河合行雄
≋ 河合朝子
≋ ASAMI

相關資料
38-39頁

電梯門打開後，出現在眼前的是平行世界。

這個空間滿是舊書，宛如古老的圖書館，四處擺放著防疫用的面具。

房間後方吧檯牆壁上的面具帶著一抹笑容，彷彿在邀請訪客挑張喜歡的面具戴上，享用時空航海的美酒。今晚你想來杯什麼樣的航海雞尾酒呢？

蘇菲女士的裁縫店

"蘇

木下幸子

相關資料
40-41頁
70-71頁

過去……

這是一座由機械人偶表演舞蹈的魁儡劇場。

屋子的主人每晚透過望遠鏡神遊於宇宙的星辰間，並將夢想與抱負寄託在自己灌注情感製作出來的人偶上，帶來一場場公演。不知不覺間，這座曾令無數觀眾如癡如醉的劇場，不再有齒輪運作聲傳出，關於這裡的記憶已經久遠到沒有人回想得起來了……

現在……

這是一座擺放著古董戲偶的劇場遺址，一名女性每天在人偶的圍繞下製作服飾。

滿月之夜，當每個人都已入睡時，「蘇菲女士的裁縫店」伴隨著細微的齒輪聲開門營業了。不知從何而來的神奇顧客陸續現身，上門訂做服裝，店內好不熱鬧。天將破曉時，眾人仰望夜空，然後紛紛離去。蘇菲女士似乎朝月亮說了些什麼，便沉沉入睡了……

——緬懷朱爾・凡爾納

時間的縫隙

小島隆雄

相關資料
42-43頁

每當我入睡，便會來到這個地方。

這個世界全都是舞台，所有人不過是舞台上的演員，在此登場，然後退場。

人在一生中扮演了各種不同的角色，其實不過是遵循命運而為，如同一道影子罷了。得到了自己想要的東西，又能代表什麼？

光榮就像是水面的漣漪，看似不斷變大，其實一下子就會消失。夢想只存在一瞬間，如同泡影般，帶來的僅是片刻的喜悅。

光明如今存在於何處？

浦島水力發電廠 第二控制分室

佐橋良廣

相關資料
44-45頁
59頁

昭和時代初期曾有過一項在某處興建水力發電廠的計畫，該計畫是殿邊廣域電力普及株式會社在大正時代所提出，並設立了「浦島水力發電廠公團」，準備興建。

又吉祝部、園邊高一被任命為計畫負責人，就此展開設計並做出了完工預定模型。模型是由開發部管轄的設備保養課員工所製作。

開發方起初以為計畫能夠順利進行，但由於當地居民的強烈反對及後來蒸汽機的驚人發展，水力發電廠最終成為空談。參與開發計畫的成員原本滿懷熱情投入其中，因此當計畫中止後，自然也失落不已。

經過了漫長的歲月，空氣污染已成為生活的一部分，人人都必須戴上口罩。某天，剛進入蒸氣電力公司工作的年輕員工在整理辦公室的倉庫時，在倉庫深處發現了類似模型的東西，上面還有「浦島水力發電廠第二控制分室」的字樣。他詢問了比自己資深的員工，但沒有一個人知道這是什麼模型。

拂去模型上的灰塵後，這名年輕人發現了一件神奇的事。完工預定模型一般應該是模擬蓋好時完美整潔的樣貌，但這座模型卻呈現了實際運作一段時間後的老化狀態，以及歷經風吹雨打後生鏽的痕跡。

他想起小時候曾聽父親提起，曾祖父對於自己參與的新發電廠計畫中止一事充滿遺憾，於是開始調查這座模型。

　　愈是仔細觀察這座模型，年輕人就愈沉迷在這唯妙唯肖的模型世界中。某天早上醒來時，他發現自己身在興建中的水力發電廠內，並有許多人在此工作。而且其他員工還稱自己為「又吉祝部」。

　　雖然他一開始完全搞不清狀況，但還是留在這裡與同事一同燃燒熱情，最後終於讓不會造成空氣污染的水力發電廠成功運轉。

　　實力受到肯定的又吉等人接下來又為了開發未來的夢幻能源──「核能發電」而努力奔走。

旋轉木馬圖書館

— Sabrina

相關資料
46-47頁
68-69頁

這是一個人類與其他種族共存的世界。

屬於蝸牛族的茨姆利闔上書本，身體因感動而顫抖起來。

即使放眼全宇宙的種族，以「書」的形式寫下來的各種故事所展現的想像力也稱得上出類拔萃，實屬珍貴的遺產。茨姆利某次發現了廢棄的旋轉木馬，覺得緩緩轉動的旋轉木馬與閱讀的時光有相似之處。

於是茨姆利與家人一點一點帶來自己的藏書，將這裡改造為圖書館。

蝸牛族能夠自由改變身體大小，因此茨姆利一家人便在圖書館內各自努力工作。

為了來此享受閱讀時光的種族。

※ Thick Skirt

" 1921年12月，機械工程學家 Thick Skirt 在進行新型蒸汽機的開發實驗時，因操作機械不慎，偶然開發出了可令周圍重力無效的反重力裝置【Aniti-gravity device】。

這款 Aniti-gravity device 能使半徑10公尺範圍內的重力無效。

但由於 Aniti-gravity device 的不良影響，導致他的內臟及肌肉組織失去作用，於是他自行將機械移植到身體，僅留下殘存的些許大腦組織，最終成了改造人。但他改造自己的行為不見容於社會，因此遭受迫害。

他將 Aniti-gravity device 裝到了一艘舊漁船上，親自駕駛漁船展開旅程，尋找能夠安心棲身之地。

發明家空博士的蒸汽機小屋

"2011年3月11日發生了被喻為千年一遇的大地震。地震引發的大海嘯破壞了引領日本產業發展的核電廠，並發生日本國內首起爐心熔毀事故。

相關善後工作今後還必須持續進行40年，耗費總計超過50年的時間，以及巨額的稅金。遭受污染的土地有辦法恢復原狀嗎？核能產生的廢棄物無法進行最終處理，仰賴核能推動的能源政策也因而受挫。

我叫作「空博士」，是一名懷抱夢想，深愛著美麗地球的發明家。

我打造出了不會破壞地球環境，以蒸氣機為主體的蒸氣系統，而且能完全分解排放出來的二氧化碳，有效防止地球暖化。

「空博士」蓋的這間屋子全都由小型蒸氣機驅動、控制。

⟩⟩⟩ 土屋 靜

相關資料
50-51頁
66-67頁

2111年 皮諾丘

✕ bambini

相關資料
52-53頁
72頁

西元2111年，地球的人口成長、糧食不足、大氣污染都已經失去控制。富有的人移民到了火星，被遺棄在地球的人則憑藉AI技術將身體縮小，苟延殘喘地活著。

為了在地底下及水中生活，進一步求「生存」，甚至出現了只有「大腦」（意識）存在的生物。

這個被丟棄的行李箱裡面，是一位縮小了的老爺爺居住的研究所。

老爺爺取得了一個小孩的大腦，將腦中的意識數據化，並上傳至縮小的機器人，希望藉此孕育出新的生命體。

人類究竟能涉足神明的領域到什麼地步呢？

就在此時，這個小孩要醒來了。

住在火星上的富人則遠遠觀看著這一切。他們將這個世界稱為「袖珍屋」……

公爵一面幫客人調雞尾酒，一面不經意望向店內。這是公爵開的PUB，蒸氣龐克的愛好者喜歡聚集在此。

這裡可以找到蒸氣龐克風格的服裝及雜貨，志同道合的朋友來來去去，在此喝酒、聊八卦。

公爵原本只是想要有個可以玩蒸氣龐克的個人空間，於是租了間倉庫，一步步打造成自己喜歡的風格，但又忍不住想向朋友炫耀，便找朋友來開趴什麼的，結果不知不覺間這裡就成了一間店。

「我真幸福啊。」公爵喃喃自語道。

但其實他的人生也曾遭逢挫折，某些夜晚哀傷到無法成眠。他甚至覺得，都已經有自己喜歡的東西圍繞在身邊了，而且還能和朋友喝酒閒聊，如果奢求更多，可是會遭天譴的。

「地球」的光線從天窗照射進來，在從天花板垂掛下來的飛行船上形成了詭異的光影。客人離去後，公爵望著飛行船，感謝一天的結束，獨自一人喝光了杯中的雞尾酒。

STEAMPUNK・STYLE PUB&SHOP「M STUDIO」

細江MIKIYO

相關資料
54-55頁
73-75頁

26

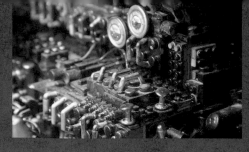

法蘭克斯坦的復仇

槇田周造

"法蘭克斯坦的復仇"

科學的發展在19世紀到達了頂點，人類甚至已對上帝失去敬畏之心。

關於「人造人」的研發如火如荼，人體各部位都有人進行開發，學生維克多・法蘭克斯坦也是投入開發的其中一人。後來，人造人（人工生命）終於問世，並使用於各種產業。但其中有些人造人品質低劣，還會攻擊人類。甚至有瘋狂科學家回收報廢的人造人使其重生，利用人造人的特殊能力為非作歹的地下組織也四處橫行，戰爭與黑暗勢力如同病毒般在歐洲蔓延。

法蘭克斯坦的父親與弟弟、妹妹不幸遭恐怖分子操縱人造人引發的意外波及，因而喪生，傷心的法蘭克斯坦決心復仇。他好不容易取出弟弟的心臟保存下來，從那時起，創造出能對抗邪惡組織的「理想人類」便成了法蘭克斯坦的目標。

邪惡組織深知法蘭克斯坦才華洋溢，因此欲除之而後快。法蘭克斯坦開發「理想人類」時，在某本醫學書中發現了他年幼時病逝的母親留下的筆記。身為人造人開發先驅的祖父因害怕研究成果遭濫用，將人造人研究室建造在祕密地點，母親的筆記正是研究室的地圖。

法蘭克斯坦在嚴寒的雪山上找到了已形同廢墟的祕密研究室。推開巨大的鐵門，裡面黑漆漆一片，瀰漫著異味。

法蘭克斯坦拉下在黑暗中摸到的操縱桿，點燃了鍋爐，蒸氣機隆隆作響，大大小小的齒輪慢慢地轉起來，照明與所有製造人體的機器都啟動了。其實「理想人類」真正的設計，遠比「（法律規定的）通用型人造人」巨大，身高有8英呎（2公尺40公分）之多，身體各部位使用的也是精挑細選過的優秀零件。

經過一年的時間，法蘭克斯坦終於在這裡完成了「理想人類（Ideal human）」。

「理想人類」的所有人體組織都運用了重生技術，擁有不死之身，身穿特殊的皮製鎧甲，與法蘭克斯坦一同誓言為家人復仇，展開了打擊邪惡組織的戰鬥。

法蘭克斯坦親手打造的「理想人類」所向披靡的消息四處傳開，令民眾及邪惡組織感到畏懼，稱其為「Monster」。

「Monster（怪物）」在拉丁文中是「警告」之意。這對搭檔將日以繼夜地與因遭到改造而發狂的邪惡人造人作戰。

相關資料
56-57頁
64頁

28

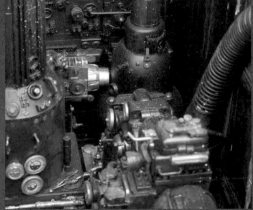

"偵探物語第一回　天使降臨小鎮！"

作品靈感來自於作者本人所景仰的明星松田優作主演的電視劇《偵探物語》，並致敬了該劇第一集「聖女降臨小鎮」。

扭蛋殼塗裝上色而成。

紗窗壓條經遮蓋膠帶加工後製成。

直笛塗裝上色而成。

用保麗龍與捲起來的紙製成。

保麗龍。

珍珠奶茶用吸管。

使用檜木條與保麗龍製成。

紅磚路面是將木質黏土攤平，再用去除了刷毛的小油漆刷柄頭當作模具壓印而成。

聚氯乙烯水管。蓋子則是園藝用的底網。

底座為保麗龍切割而成。

圍籬是用檜木條做成外框，再與網子組合，有刺鐵絲網則是鐵絲捲曲而成。製作方式參閱p.60-61。

水溝蓋是瓦楞紙與網狀銼刀組合所製成。

牆上的植物用的是撕開來的粗菜瓜布。

文字是將手工切割的紙重疊起來做成的，正中央建築物上的 K ☆ 偵探社招牌也是使用相同方法。

菸斗的保護套塗裝上色而成。

磚牆是在珍珠板上割出溝槽製成。

浪板牆用的是單面瓦楞紙板。

DIY用的玻璃瓷磚。

鐵捲門是單面瓦楞紙板製成。印好了圖案的影印紙以溶解於水的木工接著劑沾濕後，黏貼在紙板上。

小鎮的守護神「煙天」是用石粉黏土（New Fando）塑形。

塑膠袋做成的垃圾袋。

將瓦楞紙剪成圓形，再用手工藝材料與超細遮蓋膠帶裝飾，便成了人孔蓋。

以用水稀釋過的木工接著劑沾濕印有文字的影印紙，使紙張變軟後，貼在地面上。

鐵桶的側面為瓦楞紙，上下則是剪成圓形的保麗龍，中間的線條為遮蓋膠帶，最後再塗裝上色。製作方法參閱 p.60-61。

消防栓特意強調了細節部分。

垃圾桶是百圓商店賣的膠囊形收納盒加工而成，並特別強調表面細節。

"博士與我最初的故事"

在壓克力上製造刮痕、貼上膠帶，讓玻璃窗表現出老舊的感覺。

鍋爐機具。用木工補土及聚苯乙烯泡綿板將聚氯乙烯水管加厚，再以塑膠模型用顏料上色。

足立版的木偶奇遇記
榮獲第7屆濱松立體透視模型大獎賽最優秀作品

設計圖。用壓克力顏料或TAMIYA的模型顏料在影印紙上做舊化處理。

先以木工補土使塑膠容器表面變粗糙，再使用底漆補土＋黑鐵色噴漆。生鏽部分使用噴筆塗裝。

用牙籤當作筆。

瞬間膠的蓋子及鋁罐切割成的零件。

機器人的塑膠模型改造而成。

以塑膠板與按扣製作而成。

TAMIYA顏料的蓋子與黏土做成的椅子。

皮諾丘的帽子。以黏土與模型用金屬模製成。

博士打造的蟋蟀機器人，用黏土＋塑膠條做成。

用金屬刷在保麗龍上刷出木紋。再以木工補土表現質地，並塗裝上色，便成了工作檯。

博士是用公仔的成品進行改造。手上拿的機器則是棉花棒的塑膠軸加工而成。

用剪刀將大創賣的青苔剪下來黏上去。其他植物是從百圓商店買來，再用噴筆噴塗TAMIYA的模型顏料。

門把是折彎聚苯乙烯泡綿板所製成。聚苯乙烯泡綿板具有彈性，因此可以折彎進行加工。

▶外側部分

牆壁是用沒有水的原子筆在保麗龍上割出溝槽。藍色的保麗龍經過切割後，適合用來表現有洞的岩石等物體。

餵貓吃的魚。

皮諾丘使用黏土＋塑膠條塑形，以塑膠模型用顏料上色。鞋底是輕木片刻出凹痕後黏貼上去，鞋面則是石粉黏土。

紗布浸泡木工接著劑與溶於水中的褐色顏料所做成的布，調整好形狀後使其硬化。

將食玩塗裝上色做成的水桶。

掃把是油漆刷的刷毛與檜木條製成。

食玩的貓咪。

耳機線。

地板使用輕木。

空容器的蓋子與塑膠零件組合而成。

矽膠齒輪模具。

33

"要遲到了，沒時間啦！"

寫有「Drink Me」字樣的瓶子。裡面的藍色液體是樹脂。

愛麗絲的裙襬一角。將布圍在人體軀幹模型上加以表現。

裡面好幾面疊在一起的牆壁使用的是方便加工的珍珠板。壁紙只貼一面的話會翹起來，因此其實連背面也有貼。

黏上各種立體透視模型材料用的草及青苔。

柴郡貓是以樹脂黏土為基底塑形，再黏上人工毛皮。

椅子是市售的組件以壓克力顏料塗裝上色而成。

戚風蛋糕。上面擺了齒輪及時鐘指針。

紅茶是UV樹脂。

帽子造型蛋糕。作品中瘋帽客與三月兔正在進行永不結束的「瘋狂下午茶」。蛋糕的銘牌上寫有「in this style 10/6」的字樣。

用木材製作桌子的外框，中央部分則是先以UV樹脂黏著齒輪於壓克力板上，再用另一塊壓克力板夾住。桌腳為市售品。

齒輪造型餅乾。用藍白土（翻模土）翻出齒輪的模，再以麵包土塑形。

市售的塑膠餐具，用油性麥克筆畫上金色線條，一面烘乾一面上色。

叉子、湯匙為市售品。

牆壁先以木材做出底層，然後以灰匙塗上用水延展開的泥狀輕石膏黏土。上色用的是Popondetta的深灰色底漆。

將石膏黏土延展開，用磚紋擀壓棍（Green Stuff World）壓出花紋。

美甲用的亮粉混合木工接著劑後畫上去。

將飾品配件及廢棄的齒輪重新塗裝上色，再以多用途黏著劑黏起來。

撲克牌圖案及直條紋是用印表機列在紙上，再黏貼於牆壁。格紋部分用的是袖珍屋用的壁紙。

以黏土做出地面，再黏上立體透視模型用草皮。菇類則是用麵包土塑形，然後上色。褐色菇類有在故事中出場，吃了之後身體會變大或變小。

格紋狀地板是袖珍屋用的壁紙。

白兔是以樹脂黏土為基底，黏上人工毛皮製成。製作方法參閱p.76-77。

桁架用的是塑膠製組件（PLUM零配件 桁架）。以銀色油性筆上色後，再用TAMIYA的WEATHERING MASTER做調整。

"第7區"

將金屬加工成碗狀。

模型用彈簧軟管。

管線是零件分開做好後焊接起來組裝而成。

網狀銼刀。

模型用彈簧軟管。

計數器顯示著9999。裝在這裡的計數器是工廠機械用的，已經到了顯示上限。難以想像這台機器是何時開始運轉，又是何時停止下來的。

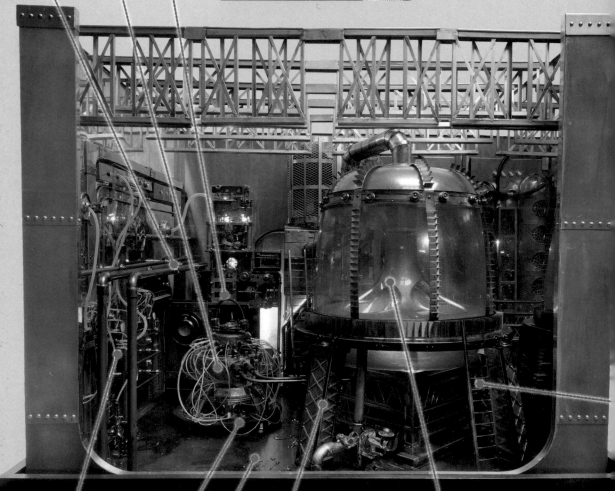

醫療用矽膠管。

刻了螺紋的水管加工而成。

用滴在地上的液體表現機器運作時的化學反應會產生水或油的情景，使用二液型的樹脂。

底座的鋼筋結構使用的是與東京鐵塔相同的工法。用夾具使形狀一致，並打入鉚釘製作而成。

中央的裝置裡裝有燭光LED燈。底部為塑膠容器，包在周圍的金屬是黃銅，以焊接方式塑形。

製造蒸氣的系統設有小型加濕器，蒸氣系統下方則裝了巨大的排風用換氣扇，可以轉動。兩者皆蓋著黃銅網及黃銅板加工而成的護罩。

齒輪為時鐘及測量儀器的零件加工而成。

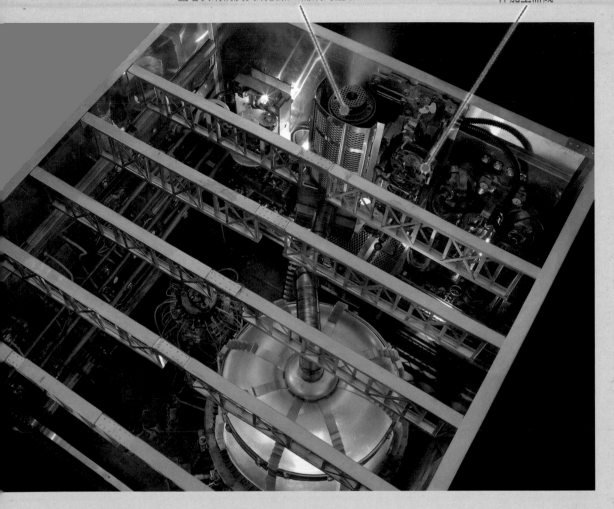

梯子以黃銅塑形，上面的污漬是用塑膠模型用顏料、油性著色劑、壓克力顏料等，一點一點重複塗在重點部位，進行複雜的舊化處理。黃銅製。

為隔絕外界的污染，因此做了兩道門。

以黑色塗裝上色，再用紅色系壓克力顏料畫出紋路。

外側緊閉著一扇金屬製，並用鉚釘加工的門。鏈條取自服飾配件。

底座為木材，右方的鏡面牆為不鏽鋼，其他牆面為銅板。地板使用橡膠板，營造出實驗室及工廠的氣氛。

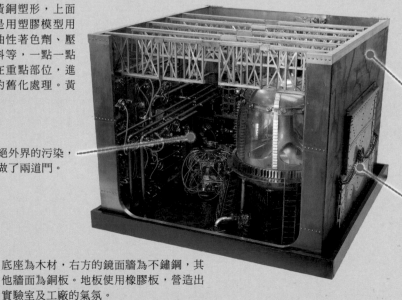

"平行世界電梯"

唱片是用雕刻機在聚氯乙烯板上割出溝槽。唱針為金屬。

杯架是用旋轉機械裝置做的。

釣魚的毛鉤用羽毛。

銅板捲在木棒上黏貼而成。上頭的浮雕裝飾是在黃銅上雕刻出原型，再經過金屬加工處理。

書架為木製，藉由塗裝表現出古董的感覺。

用樹脂翻模製作的畫框。翻模後用刀子削切，營造古董般的質感。

螺旋階梯是以市售品為基礎，軸心與扶手等部分進行全面性改造。

飾品用的鏈條。

吧檯為木製，經過舊化處理，邊緣為黃銅鑄模。

水壺為銀材質雕刻製作而成。

樹脂與木材做成的椅子。

邊框為木製，以壓克力顏料及稀釋過的著色劑做舊化處理。

地板貼有壁紙，並做了舊化處理。

圓板有塗裝上色（水性多用途塗料）。

這兩扇門代表電梯門，是以黃銅塑形（焊接），使用耐熱爐用的噴漆（Thermo Spray，Kanpe Hapio，黑）塗裝上色，展現出別具韻味的效果。

樹脂做的方塊，製造出氣泡再使其硬化。裡面放了容器固定住染成紅色的樹脂。光線照在上面會呈現出奇幻的感覺。

帽子使用瓦楞紙做底，貼上天鵝絨質感的布料後再以飾品配件裝飾。

以吹製方式打造的玻璃靴，用藍色的LED燈打光。

用LED燈表現星空。

所有書本皆為手工製作，約600本。

市售的木製梯子。

畫框以「さびてんねん」顏料塗裝上色。

葡萄酒的展示架。使用時鐘的鐘面與金屬製成。

蠟燭是用樹脂黏土包住棉線所製成。

市售的桌子塗裝成古董般的質感。

行李箱表面包覆皮革，並釘有鉚釘。

各式各樣的面具是用模具做出造型後鑄造而成。瘟疫面具（鳥嘴面具）的眼睛部分黏上了金屬扣眼。底層的塗裝以烤漆方式上色，花紋以塑膠模型用顏料及壓克力顏料描繪，細的金色線條則使用膠墨鋼珠筆（Signo）。

花朵以樹脂黏土製成，再使用帶有陳舊感的顏色著色。下層是用黃銅板包住玻璃珠做成的裝飾。籃子出自秋田久美子小姐之手。

"蘇菲女士的裁縫店"

假人模特兒主要以石粉黏土塑形，手腳部分使用了鐵絲。

護目鏡為切短的黃銅管，鏡片是UV樹脂。

眼珠為縞瑪瑙珠。

帽子是以紙塑形後再貼上絲布。

2mm肯特紙塗裝上色後，再以長條紙裝飾。帳篷頂端的裝飾為圓珠與長條紙。

真皮與袖珍屋用的帶扣。

在陶瓷娃娃上以石粉黏土做出頭髮。塗裝上色後看起來更有假人模特兒的感覺。

用黃銅管當作骨骼，頭與身體為石粉黏土。手腳使用市售的公仔零件。

邊框是用石粉黏土在3cm寬的木頭上塑形。圓形花紋是用時鐘的發條等物品壓出來的。

屋頂垂掛下來的鳥使用黃銅管當作身體骨架，周圍使用了鐵絲及飾品配件，頭部與鳥嘴以石粉黏土塑形，並用手工藝用的羽毛加以裝飾。

用鐵絲及黃銅、零件裝飾縮尺模型衣帽架。頂端的天球儀中央為小珠子，周圍則是以割圓器切割塑膠板後，再塗成金屬色。

以緞帶、布、紙裝飾的縮尺模型五斗櫥。放在上面的擺飾為黃銅與塑膠板、石粉黏土製成，再以金屬色塗裝上色。

八角形的桌子為木頭製成，使用著色劑與亮光漆塗出古董般的質感。

帳棚屋頂在這一
帶背面裝有帶狀
的LED燈。

以彩繪藝術用的壓克力顏料手工描繪。

吊燈的黃銅管內有電線。玻璃珠的內外使用了
袖珍屋用的蠟燭燈泡。

為了不要讓熱氣球太重，是以紙黏土為基底，表面用
石粉黏土塑形。吊掛下來的緞帶捲軸為黃銅管，兩端
是齒輪。同樣吊掛著的獅子及蝙蝠則是將市售品塗裝
成金屬色。

舞台的骨架是用木頭做出基礎，再以石膏模裝飾。上方
的戲偶及動物使用石粉黏土塑形。望遠鏡是黃銅管組裝
而成。面對牆壁的左側擺放了時鐘的零件，中央及右側
則是在插畫紙板上手繪，並用亮光漆製造光澤，呈現出
琺瑯瓷般的感覺。

桌子上的女性人像擺飾是在木頭做的抽屜周圍以石灰黏土
塑形。中央的線軸與左側的擺飾使用木頭當底座，再以黃
銅管、鐵絲及珠子裝飾。塗裝則是在底漆上先塗褐色，然
後以帶金屬光澤的金色上色。

在塗裝好的縮尺模
型畫框內貼上天鵝
絨，再用鏈條、小
齒輪等做出飾品。

▶面向舞台右側的牆壁

人體軀幹模型的下半身
裝上了塑膠板，並塗裝
成金屬色。人體軀幹模
型的製作方式與加工參
閱p.70-71。

將縮尺模型椅子原本的
椅面換掉，並塗裝上色。

地板使用表面有
絨毛感的紙。

擺放了縮尺模型家具及縫紉機、小
東西。牆上的素描是將手工繪製的
圖縮小。

"時間的縫隙"

使用從古董店買來的落地鐘內部零件，再多加了4個齒輪，塗裝成生鏽的樣子。

袖珍屋用的天花板飾條塗裝上色而成。

窗框使用2mm的角材，上方弧形部分為便於彎曲，是用熱水讓1×2mm的角材變軟後，2條疊在一起加工。使用Mr. METAL COLOR的深鐵灰色塗裝上色。玻璃為壓克力板，正反兩面噴塗霧面玻璃用的噴漆。

將印刷品貼於1mm的插畫紙板，做舊化處理。

縮尺模型創作者的作品。

放大鏡及試管等物品為市售品及縮尺模型創作者的作品。

用數階的階梯製造出有縱深的感覺。

乾燥花。

將袖珍屋的裝飾條組裝起來並塗裝上色，便成了畫框。

牆壁及地板是用油畫刀塗抹樹脂砂，並在局部重複塗上陶灰泥（Ceramic Stucco），表現出牆面剝落的樣子。牆壁某些部分也使用了補土，但重疊上去的陶灰泥光澤會太強，要多加注意。

另外又用了壓克力顏料（Americana，貂褐色，已停產）上色，並以水性著色劑加上污漬。著色劑容易滲進只有樹脂砂的部分。泛白的地方則使用了TAMIYA的WEATHERING MASTER。

▼作品背面的照明

從窗戶上方以電燈色LED燈貼片照射，並擺放乾燥花，讓霧面玻璃浮現植物的影子。

從正面看的右前方牆壁背面裝了2顆電燈色3mm的砲彈型LED燈，照射到桌子靠近牆壁的部分。砲彈型燈泡照出來的光線較為集中，容易製造出陰影。

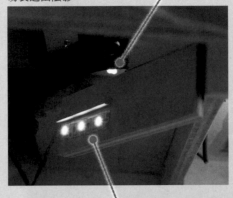

用來表現夜空的藍色LED燈貼片為了不影響到窗戶的燈光，裝成斜的。另外還用了數mm寬的木材遮蔽，以避免正面漏出光線。

長、寬1mm的黃銅以焊接方式塑形～塗裝上色。
蠟燭是將牙籤塗成白色，並插進細的黃銅當作燭心。

立體透視模型用的植物。

經舊化處理的馬口鐵製小物。
鏈條為飾品配件。

底層為木頭，貼上透明塗裝與鐵鏽加工處理的1mm厚鐵板。
另外再以「さびてんねん」顏料讓鐵鏽呈現深淺不一的感覺。

用WEATHERING MASTER在市售的縮尺模型用園藝用品表面加上污漬。

用電鑽鑽孔，打入釘子

使用了一部分古董畫框。原本就已經剝落的部分保留原狀，切口部分塗裝上色處理。

盒子使用的是9mm厚的夾板，並塗上著色劑。

"浦島水力發電廠 第二控制分室"

窗框是用雷射切割機在MDF上切割出來的。

砂漿風的牆壁及建築物的基底全都是使用MDF（中密度纖維板）。
牆壁是6mm的MDF。MDF和木板不同，沒有紋路，用線鋸也能輕易鋸出圓弧的斷面。

銅管接頭（L形管接頭）接上塑膠管後塗裝上色。管子相接處纏上了剪成細條的白板貼。牆上的鏽痕是在管線與牆壁連接處放Mr. WEATHERING COLOR的鏽橘色顏料，使其自然滑落所形成。

塑膠模型的廢棄零件沾了痱子粉後再塗上壓克力顏料。縫紉線經壓克力顏料上色，看起來便像是鋼索。刻意使用廉價顏料，呈現出些許粗劣的感覺。

用來表現牆壁上砂漿接縫處的線條，是在MDF貼上遮蓋膠帶，再沿遮蓋膠帶塗抹修補牆壁用的補土。撕下遮蓋膠帶後，再全部塗上灰色的壓克力顏料。混凝土牆原本可能應該白一些，不會這麼灰，但考量到縮尺模型所呈現的效果，顏色稍微深一點會比較均衡。

這一帶沒有使用遮蓋膠帶，而是塗上薄薄一層修補牆壁用補土，呈現髒污深淺不一的感覺。

辦公桌是直接拿不鏽鋼的縮尺模型工具箱來用。由於顏料吃不進去，因此藉由削磨、剝離、抹去顏色等方式讓表面色彩不均，呈現逼真的塗料剝落效果。桌子下方發霉泛白的板子為壓克力顏料塗裝上色，並使用了較多的痱子粉。

椅子為塑膠板與塑膠模型的廢棄零件製成。椅面上的物品是園藝用的纖維狀覆蓋材質。

日用品及廢棄零
件組合、塗裝做
成的瓦斯桶。

公園撿來的
乾燥植物。

聚氯乙烯水管、MDF、塑膠模型的
廢棄零件組合、塗裝而成。

工廠機械的製作方式參閱p.59。

塑膠儲水桶為市售品
塗裝上色而成。

修補用砂漿。

棧板是塑膠模型的
廢棄零件。

木製門板用的
是我自己製作
其他作品時沒
用到的零件。
白色苔蘚是用
錐子塗抹黏土
做出來的。

糖果的透明容器塗上
銀漆，再使用塑膠模
型的割線刀做出水龍
頭等。
桌子使用塑膠板與塑
膠條製成。
我想表現出「生鏽後
重新上漆，後來又再
次生鏽，髒污與塗料
一起流了下來」的感
覺。雖然塗料有往下
流，但在下方形成了
顆粒，因此用筆加以
修正。

用水打濕印刷
品，使油墨滲
透後黏貼。

地板的污漬是用壓克
力顏料及公園等處的
粉狀沙子做成的。

用吹風機讓立體透視模型用的
淺綠色粉末稍微變軟，按壓黏
貼上去。還使用了舊化色彩做
出污漬。

在壓克力顏料上不均勻地滴上樹脂，乾燥後會因
為素材的比重不同而裂開或顯得深淺不一，然後
再加上污漬，藉此托盤的塗料生鏽裂開的樣子。

水力發電機使用水管、油刷瓶及
日用品材料製作，接合部分則是
加工MDF，整體塗裝成生鏽色。

生鏽的地方以疿子粉與壓克
力顏料表現。將疿子粉溶於
顏料中塗出來的效果雖然是
均勻一致的，但在交互重疊
塗抹後，仍然能表現出凹凸
及深淺不一的感覺。詳情參
閱p.59。
在鏽痕的顏色方面，因雨或
水造成的生鏽以偏紅的色彩
表現，腐蝕造成的生鏽則偏
黑。對於情境的想像及素材
等因素也會使得色彩在表現
上有微妙的不同。

作品的設定是從左邊進水，在上方轉動發電渦
輪，再從右邊流出，因此左邊的進水室加了比
較多污漬。使用的材料為塑膠模型的廢棄零件
與聚氯乙烯水管。

"旋轉木馬圖書館"

與直接使用市售的零件相比，翻模後用樹脂複製的優點是易於加工。紙張與紙張接著時，我幾乎都是用木工接著劑。
塗裝上色前我會先塗打底劑（Gesso）。

將著色後還沒乾的輕木彎曲，兩側以瓦楞紙固定，銀色的金屬零件為樹脂。

屋頂使用厚紙板塑形。裝飾是用樹脂翻模飾品配件及零件而來。

椅子是輕木材、紙、樹脂製作而成。

銅棒。前端為雨傘的修理零件。

不同直徑的鋁棒組合而成。用切管器切割能避免切口變形。

吧檯下方的門使用飾品配件、剪貼手藝的配件、紙製成。打開門看到的垃圾桶為頂針。

基底使用厚紙板。羅馬數字為市售品。

管線是使用市售的矽膠模具，以樹脂製作，可以自由彎曲，方便操作。雖然樹脂有時會有氣泡，但反而可以用來表現裂痕。

書本封面是用水彩顏料重複塗抹上色，再以銼刀磨至露出底層，製造出陳舊的感覺。表面有細毛的書本是將雙層厚紙板剝開，用內側那一面表現其質地。書背凹凸不平的部分是塞了細塑膠板。釘子則是翻模小飾品，以樹脂製成。使用以化妝海綿拍打「Distress Ink」印台的方式上色，強調火燒過的感覺及陰影。文字為手寫。

書架的上下層板與背板為 1 mm 的厚紙板。背板貼有 0.5 mm 的壁紙。

支柱為金屬螺絲。以樹脂填滿螺紋溝槽，再用黑色的打底劑與金屬色塗裝。接合面的螺絲是用飾品配件與藍白土翻模而成。

「特色鮮明的留聲機」作品的設定是蝸牛造型的喇叭會沿唱片的溝槽移動發出聲音。在木頭底座上以鐵絲及零件塑形，唱片為透明塑膠板製成，正面塗成黑色，背面塗上不同顏色，再用銳利的工具於正面的表面刻出溝槽。唱片的把手為黃銅板。喇叭為市售的金屬迷你漏斗，蝸牛是用紙黏土做出基礎形狀後，以細紙條加上變化。

鋸齒狀的線是束帶。

蛋殼形的座椅是將紙重疊黏貼在吹起來的氣球上，乾燥後用砂紙及延展成薄薄一層的紙黏土使表面平整，再塗裝上色。蛇腹狀的頂部是數張葉片狀的厚紙板重疊而成。

取自飾品配件的玻璃圓蓋與在DIY賣場買來的齒輪組合而成。裡面更小的玻璃管為保險絲用。

照明是飾品配件及樹脂做成的零件組合而成，裝有LED燈泡。中央的柱子使用的是包裝紙的筒芯之類堅固的物品，所有線路都從裡面經過。

椅面是紙，使用針珠筆（前端圓潤的工具）做出曲線。

椅子是翻模懷錶，用樹脂製成。椅背則為手錶的錶扣彎曲成90度而成。椅腳等使用的是飾品配件及螺絲等。

寫字檯的製作方式參閱p.68-69。

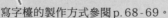

「特色鮮明的自動書」會自動直接在白紙上打出文字的打字機，文字是從上方打出來。底座是木頭。按鍵是在孔洞較大的四方形串珠內放入彎曲成文字形狀的細鐵線，再用樹脂固定。
字臂是在鐵絲上纏繞細鐵線，前端以瞬間膠黏著黃銅板。背面則是以兩面木板夾住尾端，並黏著固定。

茨姆利的家人躲藏於各處。

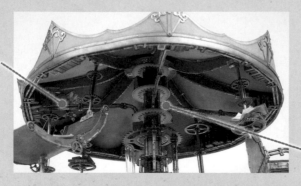

支柱上的圓盤為厚紙板，齒輪形狀是用剪貼手藝用的模具做出來的。

"Aniti-gravity device"

桅杆為圓棒，踏腳的部分是銅線。

煙囪是聚氯乙烯水管，並以塑膠用接著劑（GP CLEAR）黏上水桶。

船的基底是裝生魚片用的船形容器（檜木，80㎝），再配合曲線將木材彎曲，加裝在船身側面。木材是沾了熱水後彎曲、乾燥，加工成弧線狀，然後黏著。

舵輪是用雷射切割機切割MDF而成。

駕駛員的身體是塑膠模型改裝而成。頭為單孔的打孔器。

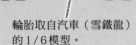

輪胎取自汽車（雪鐵龍）的1/6模型。

不鏽鋼製的肥皂盤。

梯子是銅線焊接而成，使用海綿以拍打方式塗裝成白色。手腳接觸到的部分製造出塗料剝落的感覺。

門為檜木，圓形的窗戶是用割圓器切割出來的。

聚氯乙烯水管。

通風管的遮罩。

百圓商店賣的削皮刀
塗裝上色而成。

果汁罐造型的收納盒。

容器及收納盒。在塑膠
表面塗裝上色時，先塗
上「ミッチャクロン」
（底漆），塗膜便不容易
剝落。

以水性著色劑染色的
直徑6mm棉繩。

拆解手電筒來使用。

昆蟲盒及蛇腹狀筆筒做消
光處理後組合而成。
利用百圓商店的蠟燭燈做
出搖曳的燈光。製作方式
參閱p.62。

使用海綿以拍打方式塗
裝上色。用筆塗的話會
看得出筆觸，而且連木
紋的縫隙也會吃進顏
料，不容易表現質地。
塗裝的訣竅參閱p.63。

固定螺絲為裝飾。

焊接黃銅線製作而成。先將直的
黃銅線裝於船身，再將橫的扶手
焊接上去會比較容易做。

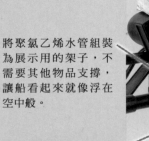

將聚氯乙烯水管組裝
為展示用的架子，不
需要其他物品支撐，
讓船看起來就像浮在
空中般。

使用IRON PAINT塗裝
半球體（百圓商店的
塑膠垃圾桶的蓋子）。

"發明家空博士的蒸汽機小屋"

鏡子（每一片都有）。

屋頂基底為夾板，瓦片是將瓦楞紙黏著上去。底層塗成黑色後，再噴上鍍銅色的噴漆（ASAHIPEN），就會產生明顯的陰影。

▶屋頂的內部

1/1尺寸的家具用裝飾。

尖錐狀屋頂是將8片夾板拼起來，再與樑木組合製作而成。天花板上交錯貼上濕壁畫風的印刷與鏡子。空博士的興趣是想像自己的房子是畫有貴婦人肖像的宮殿。

蒸氣龐克服飾用的齒輪。

將2樓抬起來的柱子由於要支撐作品的重量，因此在四角裝了15mm的圓棒。這是想像啟動蒸汽機將2樓抬起來的情景製作出來的。

由於中央的柱子要支撐2樓，因此內芯使用金屬管，並將階梯的踏板組裝在柱子上。

拆解落地鐘，將內部的機械裝置用在這裡。

植物出自竹中久榮先生之手。

將自攻螺絲黏著於此，螺絲頭塗成金色。

澆花壺為市售品塗裝上色而成。

磚牆是將瓦楞紙拼成磚塊狀貼上。以縫隙為主的部分塗成灰色後，再以褐色上色。

木框黏貼夾板做成的底座。

地板貼有1×5的檜木板，並塗上了水性亮光漆（柚木），突顯檜木的木紋。

收銀機是市售
的削鉛筆機。

木頭做的麥金塔梯背椅，
以齒輪裝飾。

四個邊裝有不同顏色的汽車用
帶狀LED燈（12V）。

六角形的櫃子是將市售品
塗裝為金色。裡面的瘟疫
面具是我女兒做的。

管風琴以木頭製成，製作
方式參閱p.66-67。

淺草賣的伊達政宗
盔甲紀念品。

入口的門是檜木條、塑膠板組
合製作而成。下方的齒輪是網
購來的市售品。

暖爐、炭斗、鏟子是
將市售品塗裝為金色。

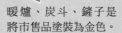

比利肯公仔。底座為木製，底
座的腳是袖珍屋用裝飾棒。

書本是珍珠板包上封面所製成。

空博士的工具箱。裡面塞滿了
過去至今蒐集的寶物。

蒸汽機製造出來的能源存放在懸掛於
天花板的儲存槽內。圓木棍外面包上
厚紙板，再以壓克力顏料塗裝上色。

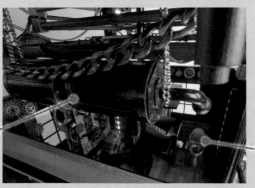

將MILESTONE推出
的「我們的1/12馬
桶」塗裝為金色。

"2111年 皮諾丘"

網子是將塑膠網塗裝為金屬風。

牆上的螺絲是美甲裝飾。

上層有如潛水艇的艙蓋。使用空的塑膠容器組合而成。

蛇腹式的彩繪玻璃燈。蛇腹部分是彎曲的吸管，彩繪玻璃則使用了玻璃彩繪顏料。製作方式參閱p.72。

擺飾是KOUSU（臼屋たくひろ）的作品。

用美工刀在鋁合金手提箱的側面割出開口。

將鋁箔墊黏貼於圓筒形的硬菜瓜布。

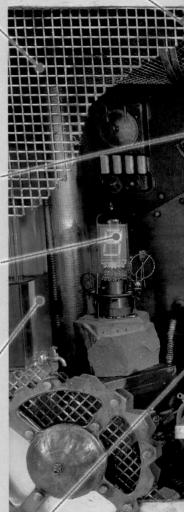

▶右側牆壁。

在海底生活的這個世界使用飲水機儲藏珍貴的淡水。藍色液體是製作浮游花用的。

水耕植物是在空的塑膠容器中種植縮尺模型用的植物（SAKATSU Gallery）。擺放盆栽的架子是金屬製收納盒加工而成，外框是吸管。

左右兩側的牆壁都是包裝用瓦楞紙塗裝上色而成。

桌子的桌板是在木頭貼上鋁板。桌腳也是木製，塗裝為金屬色。

盒子裡的各種工具是外國製的耳環配件等。

機器人造型
的耳環。

門上的圓形窗戶
是冷凍食品的容
器加工而成。

從手錶拆下來的機
芯，會實際運作。

梯子是將塑膠網多餘的部分割
下來製作而成，上方是洞洞狀
的筆筒。

金屬製杯墊及廢棄的
齒輪組裝而成。

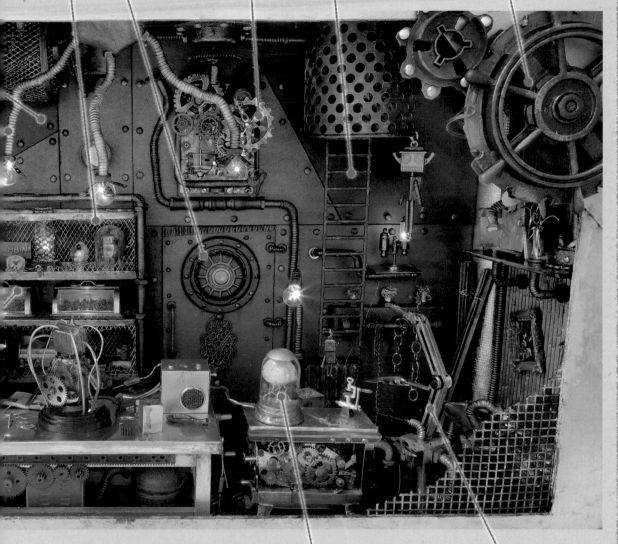

賦予機器人生命的大腦是以樹脂黏土塑形，下面的血管
是煮沸消毒並經過乾燥的植物根部。容器裡裝有製作浮
游花用的液體。

機械手臂以是百圓
商店的檯燈支架為
基礎加工而成。

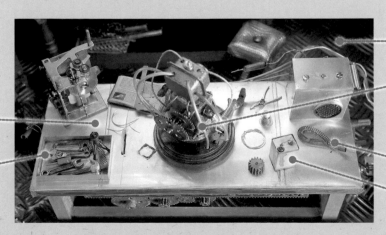

地板使用的是條紋鋼板風
的汽車彩繪貼膜。

作品的設定是皮諾丘的身
體仍然在製作中。手是將
市售的公仔加工。

時鐘裡的彈簧。

在縮尺模型創作者的工作
坊製作的方鐵桶。

"STEAMPUNK・STYLE PUB&SHOP「M STUDIO」"

為了讓內部看起來更有縱深，裝潢運用了遠近法。

螺旋階梯、天花板附近的台階是木製。扶手使用銅線製作，焊接處理。

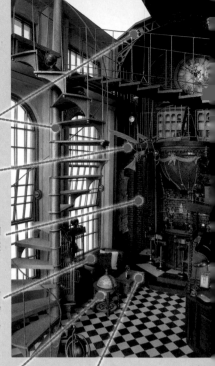

以木頭製作骨架，再貼上油紙做成的裝飾品。

管線是塑膠棒加厚而成，配電盤為木製。

沙發是以木頭為基礎，再與海綿組合，最後貼上皮革。

地球儀造型的酒瓶架是在壓克力球上手繪世界地圖做成的。製作方式參閱p.74-75。

桌子以木頭為基底，再貼上皮革。

組合木材製作而成的大門，藉由塗裝製造出金屬質感。

以熱使塑膠製圓形容器延展所製成，網子則是用線綁成的，下方以塑膠棒支撐。

使用保麗龍塑形。

以手工時鐘的組件為基礎製作而成。背面的照明是將光照在揉皺的鋁箔上，使光線漫射。

將樹脂倒進市售的瓶子、玻璃瓶。

望遠鏡是將不同粗細的塑膠棒拼在一起，再塗裝成金屬色。

菊石是以黏土做成。

啤酒機為金屬＋補土製作而成。

吧檯使用木頭製作。

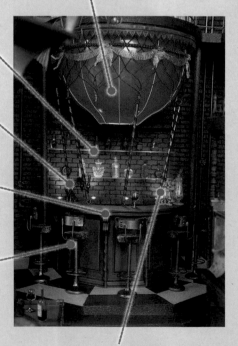

椅身為木製，椅腳是金屬。

水果是用黏土製成。

身體為製作出模具
後以石粉黏土翻
模，再塗成黑色。

用補土將聖誕節用的球形裝飾做成
熱氣球的形狀。鏈條為飾品用的。
以噴漆噴塗出金屬般的質感。

船身以木材為基礎，使用聚氯
乙烯板製作。梯子及滑輪是銅
線焊接而成。

磚牆使用保麗龍
雕刻塑形。以縫
隙為主的部分塗
成黑色後，再用
模板畫般的方式
塗上褐色。

服飾類使用布、
皮革、蕾絲、繩
帶、飾品配件等
製作。

書本以及盒子是
用紙製成的，使
用WEATHERING
MASTER加上污漬。

帽子是用紙做出
基底，再貼上皮
革。製作方式參
閱p.73。

兔子面具以紙為
基底塑形。

羽毛是法國的
古董。

皮革裹在木材上
做成的背包。氧
氣瓶為木製，刻
度盤是塑膠模型
的零件。

地板是在紙上畫
出格子花紋。

飾品配件疊成的
鈴鐺。

板夾使用木頭與
鐵線製成。

"法蘭克斯坦的復仇"

點滴架的製作方式參閱p.64。

博士在牆壁上留下的獵奇風格筆記，是先以黑色系塑膠模型用顏料塗裝，然後在乾掉前用刮的。

各處都用到了戰車、摩托車等塑膠模型的零件及塑膠模型改裝用的鉤子、螺栓等。

時鐘是將經過塗裝的鈕扣當作底座，再貼上圖案，表面覆蓋UV樹脂。

使用1／6的人偶，貼上紙並塗裝上色。

「生命起源」的圖畫以著色劑做舊化塗裝。

▶左側門板

1／6的人偶貼上皮革，並進行舊化塗裝。

冷氣等管線使用的塑膠管。

以塑膠模型用顏料塗裝的鉛筆蓋。

以著色劑塗裝上色的扭蛋殼。

藉由使用不同材質的塑膠管，表現出手術台是後來才做出來的感覺。

使用眼藥水瓶。

戰車等塑膠模型的零件。

使用水管等物品。儀表是將塗成金色的鈕扣當成底座、貼上圖畫，再用UV樹脂做出玻璃的感覺。

使用皮革手工藝用的鉚釘與拋棄式打火機的火輪等。

以水管組合而成。

扭蛋殼，裡面放了LED蠟燭燈。

瓶子是將鉛筆蓋套上塑膠管，底部塞入黏土等製成。

漱口水的蓋子塗上油性著色劑，Mr. COLOR的橘色再用滴管製造出飛沫的效果，表現出污漬。

液體儲存罐是將塑膠零件裝在水管上，塗裝上色而成。

▶右側門板

塑膠模型的廢棄零件。

使用油性著色劑及銼刀讓書本呈現出陳舊感。

使用磨到只剩下底層的緩衝墊片（緩衝、防滑）。

燈罩使用的是塑膠模型的噴射推進器。電燈以樹脂呈現出玻璃般的感覺。

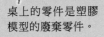

桌上的零件是塑膠模型的廢棄零件。

機車塑膠模型的排氣管。

煤炭是用瞬間膠讓立體透視模型用的石頭變硬，再噴上黑色的塑膠模型用顏料。

戰車等塑膠模型的零件。

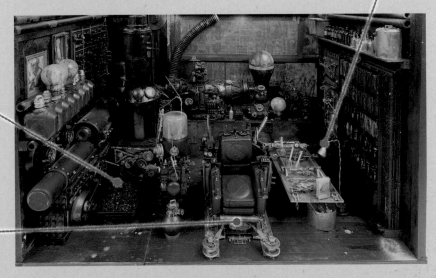

"Ladies and gentlemen!"

以厚紙板製作帽子，並用廢棄零件做出眼鏡及鬍子等裝飾。玻璃瓶裡的水晶是塑膠模型的透明零件邊框削成的。透明零件使用「PIT Multi 2」接著就不會影響到透明度。

耳鼻喉科使用的「檢耳鏡」。

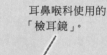

基礎是塑膠模型的廢棄零件組合而成。另外並使用手錶零件、螺絲等物品加強表現細節部分。整體使用油畫顏料加上髒污。著色時有特別留心製造出鐵的鏽痕、黃銅的黑點、銅的銅鏽等效果。

底座是在古董菸灰缸裡鋪上保麗龍，地板則是以美工刀刻出木紋的珍珠板。使用壓克力顏料塗裝。

手杖是牙籤與手錶的錶冠製作而成。

動力管為皮繩。

用直徑2㎜的鋁線穿過孔洞直徑3㎜的木頭串珠，可以活動。手指使用塑膠模型的零件與電線的連接器製作，再以裝飾貼紙裝飾。

手錶的零件。將錶面翻過來便有如碟盤式的音樂盒。

將紙吸管與廢棄金屬零件、迷你塑膠管組合起來，做成排出蒸氣的煙囪。

HOW TO MAKE

以下是幫助你在袖珍屋的製作過程中獲得更多樂趣的創意提案，以及讓作品更上一層樓的各種進階技巧、訣竅。

用聚氯乙烯水管做出工廠機械（生鏽的塗裝）

指導老師：佐橋良廣

♪ p.16-17／p.44-45

▶組裝零件

❶用銼刀磨掉印刷或刻印在水管上的文字，並以320號砂紙將水管全部磨過。這樣能讓塗料吃得更牢，表面質地也會看起來別有一番風味。

❷準備好口徑與水管一致的平墊圈，並在要用螺帽裝飾的地方做記號。將平墊圈放在切割墊上會更好抓要做記號的位置。

❸用瞬間膠接著。

❹用瞬間膠將六角螺帽黏在記號的位置。

❺另一頭同樣黏上墊片、六角螺帽。

連接時 六角螺帽的位置

point

連接另一截聚氯乙烯水管時，六角螺帽的位置若是沒有對齊，會顯得很不自然。先將另一截水管黏好，再對準位置將相反側的六角螺帽黏上去會比較容易。

聚氯乙烯水管的接頭有許多種類，選擇不同的搭配組合可以做出更複雜的造型。

▶塗裝上色

❻以灰色油性噴漆噴塗全部。

❼六角螺帽的孔洞內塞入黏土（種類不拘）。

❽在黑色與紅色壓克力顏料、痱子粉幾乎沒有混合的狀態下，以拍打的方式上色，讓顏料有堆疊起來的感覺。一般可能會以為生鏽的顏色是褐色，但實際上會帶有紅色及黑色，在用色上多加注意的話，呈現出來的效果就會更逼真。

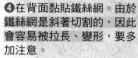

老舊斑駁的圍籬與鐵桶

♪ p.02-03／p.30-31

❹在背面黏貼鐵絲網。由於鐵絲網是斜著切割的，因此會容易被拉長、變形，要多加注意。

拉扯到的話就會被拉長

❺黏上中央處的木板。以30度的角度切割頂端零件的接著面，然後黏貼。

❼以水稀釋水性木工補土，用筆以類似拍打的方式塗滿全部。不均勻及凹凸的部分在之後會呈現出生鏽的質感。

❽全部塗上黑色的IRON PAINT顏料。

❾使用噴筆不均勻地噴上消光棕紅色或可可棕色（TAMIYA COLOR）。

❿整體噴上一層頭髮定型噴霧（花王cape）。這樣做是為了剝掉之後塗上去的塗裝。然後等待乾燥。

⓫用噴筆噴上橘黃色系（TAMIYA水性壓克力顏料）色彩，等待乾燥。

▶加上污漬

⓬用水弄濕容易生鏽的地方（容易受損的部位或邊角等），再以硬的刷子或牙刷將塗料刷掉。

⓭鐵絲網噴上消光噴霧，幫助定色。

▶組裝圍籬

❶依設計圖切割材料。將鐵絲網攤開，切割出紋路呈斜向交錯的形狀。

❷用木工接著劑將外框黏起來。

▶塗裝上色

❻全部噴上底漆（ミッチャクロン）。底漆能讓鐵絲網的塗料固定住，並使接著面等處的縫隙更美觀。

❸將厚紙板貼到外框上。厚紙板黏貼於距離木框上半部分左右邊緣2mm、上方邊緣1mm的內側，以及距離下半部分左右邊緣1mm的內側。

右邊是從另一面看的樣子

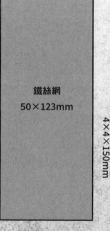

鐵絲網
50×123mm

《50% 縮小》

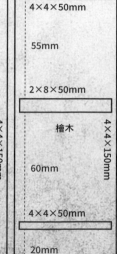

4×4×20mm

4×4×50mm

55mm

2×8×50mm

檜木

4×4×150mm

4×4×150mm

60mm

4×4×50mm

20mm

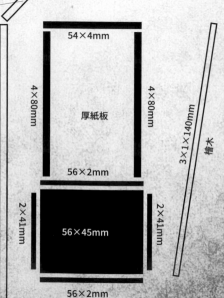

54×4mm

4×80mm

厚紙板

4×80mm

56×2mm

2×41mm

56×45mm

2×41mm

56×2mm

3×1×140mm

檜木

⓮用鉗子剪開、折彎鐵絲網，表現出損壞的樣子。

⓯塗上紅褐色進一步表現生鏽的感覺。上色時要塗出水的流向（生鏽）。

⓰混合溶於水的木工接著劑與褐色顏料，用來沾濕並黏貼海報。再用美工刀刮海報表面，並以褐色製造出污漬。

▶製作有刺鐵絲網

⓱依下圖折彎、扭曲不鏽鋼線剪成的細鐵絲。

⓲依序以金屬底漆→IRON PAINT→壓克力顏料塗出生鏽的樣子。

放大圖

⓳在要接著的位置鑽孔，以瞬間膠接著。

▶組裝鐵桶

⓴依設計圖切割材料。

珍珠板 直徑 26mm

繪圖紙 直徑 26mm

繪圖紙 40×90mm

《縮小50%》

珍珠板 直徑 26mm

㉑將繪圖紙捲出弧度。

㉒使用直徑26mm的珍珠板當作頂端與底部，將繪圖紙捲起來，以保麗龍膠接著。

㉓將剪成圓形的繪圖紙貼在頂端。若鐵桶要放倒使用的話，底部也要黏上相同形狀的繪圖紙。

㉔將遮蓋膠帶剪成1mm寬，用來做桶身上突起的線條。

㉕從塑膠棒切下一小片，黏於頂端當作開口。

遮蓋膠帶 point

一般多用於暫時性固定，不過因為容易加工，而且可以反覆黏貼、撕起，是一種很好用的材料。

▶塗裝上色

㉖用 IRON PAINT 全部塗滿。

㉗粗略地塗上鉻綠色，不用完全蓋掉底色。

㉘頂端與底部塗成銀色。

▶加上污漬

㉙塗上用水稀釋過的黑褐色（漬洗）顏料，鐵桶靠下方的部分多塗一些，可以表現出稍微褪色的感覺。

㉚在各處塗上紅褐色，營造出鏽痕分布不均的感覺。

㉛頂端會積水，容易生鏽，同樣塗上紅褐色。

㉜底部附近塗上綠、藍、黑色，用以表現青苔及陰影。乍看之下可能會覺得顏色太花，但乾燥之後看起來便會自然許多。

㉝用手指壓凹。紙的另一個優點就是容易加工。

㉞以乾刷的方式稍微打亮邊緣部分。

㉟溶於水的木工接著劑混合褐色顏料塗抹於桶身，貼上印有放射線符號的紙。

用LED蠟燭燈製作表現火焰燃燒的燈光裝置

♪ p.20-21／p.48-49

指導老師：Thick Skirt

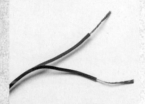

LED蠟燭燈的光線會如同蠟光般搖曳，別有一番情調。運用使光線漫射的技巧，便能夠做出表現熊熊火光的燈光裝置。

▶安裝電線

❶讓電線的引腳露出來。這次要用的是雙線。

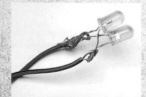

確認電極的＋－ tips

如果不清楚燈泡的正負極，接上電池就能輕易判別。

❷將紅色電線纏繞於＋極，黑色電線纏繞於－極。纏繞的部分包上一層UV樹脂，並使其硬化。

防止短路 point

使用UV樹脂固定電線纏繞的部分，便會形成絕緣，即使＋－極碰在一起也不會短路。若是焊接固定，仍會有電流通過，因此接觸會造成短路。

▶將燈泡合體

❸讓兩顆燈泡沾上UV樹脂並硬化，黏在一起變成一顆。樹脂凹凸不平的形狀會形成漫射，使光線看起來更強。

▶製造火焰

❹用熱水使黏土變軟，將黏土搓成橢圓形，其中一面用細的棍子壓出不均勻的凹陷。

❺凹陷處塗上薄薄一層UV樹脂，從邊緣往中間塗會比較好塗。然後使樹脂硬化。

❶使用2個容易買到的LED蠟燭燈。若想做出更大的火焰，就要增加數量。

❷從上方拆掉燭焰的部分，就能看見裡面的燭光LED燈泡。

燭光LED燈泡

❸從背面拆下鈕扣電池，並使用螺絲起子等工具撬開外殼進行拆解。

❹只取出LED燈泡。

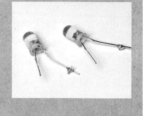

❻擠壓黏土取出樹脂。調整擠壓方式會改變做出來的火焰形狀，產生不同變化。硬化時的熱會使黏土變軟，可以等待一下再繼續做下一片。如果黏土的形狀跑掉了，再去沾熱水便能重新塑形。

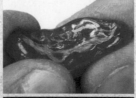

❼將樹脂裝到燈泡上。每裝上一片都要硬化，並調整整體的形狀。

❽火焰形的樹脂會進一步加強漫射，更為強調光線搖曳不定的感覺。

以塗裝在木頭上表現 1／12 的木紋

♪ p.20-21／p.48-49

這種粗糙不平整的感覺很適合用來表現公園的長凳或船身等野外的物品。

▶製作工具

❶9mm寬的美工刀替換刀片連同塑膠外盒一起使用。百圓商店可以買到。
刀片的小孔朝下裝進塑膠盒內，讓刀片尖端稍微露出來，並在小孔的位置做記號。

❷用手鑽（3mm）在記號的地方鑽洞，並削薄4mm的角材前端，將角材確實塞進洞裡。

❸角材露出來的部分稍微留長一點，其餘切掉，然後纏繞絕緣膠帶加以固定。絕緣膠帶具延展性，不易破洞。

▶塗裝上色

❹《水性著色劑》使用水性著色劑為木頭上色。乾燥後大量噴上頭髮定型噴霧（花王cape）。乾燥後再噴一次。

❺《底層色彩》用科技海綿沾不經水稀釋的水性壓克力顏料，以拍打的方式塗裝上色。用筆塗的話，連木紋之間的縫隙都會被塗到，因此這項技巧不使用筆。乾燥後同樣再噴兩次定型噴霧（花王cape）。

定型噴霧的效果 point

每塗裝一次就噴上頭髮定型噴霧是因為定型噴霧會產生一層膜，讓之後上色的塗料不至於抓得太牢。

❻《收尾色》以拍打的方式塗裝不經水稀釋的水性壓克力顏料，然後等待乾燥。

復古懷舊風 tips

也可以在乾燥時用吹風機以冷風模式吹，如此一來表層的塗料會裂開，便能呈現出復古懷舊感。

▶進一步製造效果

❼拿刀的基本姿勢是手指按住刀片的上緣。

❽用刀片刮過表面，便會留下與刀片數量一致的線條，可以藉此在1／12縮尺模型上重新刻出木紋。因為定型噴霧的關係，塗料並沒有抓得太牢，刀片刮過後，許多地方的塗料會剝落，自然產生腐朽般的感覺。

金屬及樹脂材質的舊化處理

♪ p.20-21／p.48-49

許多人做舊化處理常會不小心做過頭，成功的關鍵便在於舊化程度的控制。

▶製作工具

❶將海綿砂塊（3M，FINE）切割成長寬各mm7的形狀，用鑷子夾住，再纏繞膠帶固定。以美工刀破壞海綿的表面。

▶舊化處理

❷用海綿沾取沒有混合在一起的黑色與紅色（我用的是Ceramcoat的氧化鐵紅色）壓克力顏料，並用面紙擦掉多餘部分。

❸面紙擦去多餘顏料後，用只沾了薄薄一層顏料的海綿以輕敲的方式塗裝，點到的地方看起來會像是沾上了無數小點，要這樣重複塗好幾次。通常物品突起的部分塗料會比較容易剝落、生鏽，因此要注意舊化處理的位置並小心別做過頭。

法蘭克斯坦的點滴架

♪ p.28-29／p.56-57

蓋子部分使用油性著色劑塗裝，營造出陳舊的感覺。油性著色劑會適度溶解透明塑膠材質的表面，與著色劑的顏色相互加乘，呈現有如古董般凹凸不平整的感覺。可以先透過試塗等方式觀察其變化，塗裝時請記得充分保持空氣流通。

❶以鐵絲做成支柱，插進噴射推進器並做接著。

▶製作點滴瓶

❶圓筒形玻璃點滴瓶部分使用的是市售的鉛筆蓋。

❷切割成適當長度，以油性著色劑塗裝。

❸將釘子插進細的透明管內。管子與鉛筆蓋組合起來時，釘子可以發揮固定的作用，避免管子脫落。

❹從鉛筆蓋上方的洞插入管子。

❺用鈕扣與塑膠零件製作點滴瓶的蓋子。

❻將蓋子黏貼於鉛筆蓋。

❼用手鑽在點滴瓶蓋子下方鑽孔，並以鐵絲穿過。

❽在上方將鐵絲扭成螺旋狀，做出吊掛的部分。鐵絲剪成適當長度，將小彈簧套到鐵絲扭曲的部分，當成罩子。

▶製作點滴架

❾使用噴射推進器（機器人模型的噴射口常用到的零件）當作底座。

❿為使重心位於下方，噴射推進器底部塞入金屬珠與黏土。

⓫底座下方再黏一顆大一點的鈕扣。

⓬底座下方再黏一顆大一點的鈕扣。

point

觀察重心

在確實黏牢以前，先將點滴瓶裝到支柱上，並對鈕扣做暫時性的固定，確認點滴架是否能立起來。
由於點滴瓶具有重量，若點滴架無法立起來，可以視整體的平衡狀況，選擇大一點的鈕扣等來使用。

⓭可依個人喜好使用塑膠模型的零件等物品裝飾底座。

▶刀身

❶用鉗子將烤肉用不鏽鋼串籤的把手部分扳直（為方便作業）。

❷放在鐵軌形鐵砧之類的物品上，用鐵鎚敲打，改變其形狀。調整敲打的角度，就能逐漸使串籤變形，呈現出刀身的弧度。

❸以銼刀研磨，表現出刀身的各部位（刀鋒、刀刃、刀身側面、刀背等）。

❹相較於自己拿銼刀手動研磨，使用萬力等工具固定，搭配磨床或研磨機等電動工具可以大幅縮短時間。若選擇手工研磨，研磨時墊塊木頭或用萬力固定，可以減少因研磨導致的刀身變形，並避免力量分散而不好作業。

❺用銼刀磨出刀的莖（包在刀柄裡面的部分）。

▶製作刀鞘

❻製作好的刀身放在2mm厚的木板上，像是靠著刀身般彎曲1～2mm寬的角材，並以木工接著劑黏在木板上。如果從墊在下方的木板切割出這個步驟要使用的角材，兩者的質地便會一致，比較好作業。（刀身厚度約1mm，因此如果使用1mm厚的木板製作，便可省略❽的步驟。本單元則是用容易取得的2mm厚木板進行解說。）

❼刀鞘的尾端與頭部都塞入木材並黏住，然後切去多餘部分。

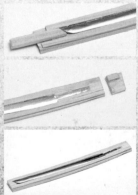

❽用銼刀將角材磨到比刀身的高度略高一點（若使用1mm厚的木板可省略此步驟）。

❾在刀刃與莖的交界處畫上記號，然後將看得到刀身的這一面黏貼於木板。

❿切掉木板多餘的部分後，沿記號做切割。如此一來刀柄與刀鞘的木紋便會一致。

⓫從木板切下來的樣子會讓人感覺像一條厚的角材，因此要從頭到尾用銼刀研磨至恰到好處的厚度，並將邊角等部分磨圓潤。為了防止磨過頭，作業進行中要時常確認整體的狀態。

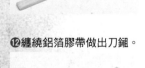

⓬纏繞鋁箔膠帶做出刀鎺。

⓭如果因為做了刀鎺而收不進刀鞘的話，可以用銼刀或美工刀調整刀鞘開口內側。但調整過頭的話，刀收進刀鞘時會太鬆，因此得多加注意。若只是稍微鬆了點，可以藉由纏繞鋁箔膠帶的圈數調整刀鎺厚度。

各種裝飾

tips

在裝飾上做變化，便能打造出不同種類的刀。以下介紹我在做各部位的裝飾時會用到的材料，供讀者參考。

刀鐔：鈕扣等物品加工而成。
刀鞘：使用塑膠板代替木材。
刀柄纏繩：將數條刺繡線集合成一束，用熨斗燙平，就會比較好纏繞。

蓋子可以自由開關的復古風管風琴

p.22-23／p.50-51

指導老師：土屋 靜

▶側板

❶在2片2×40×67mm的木板上用鉛筆畫出輔助線，然後以美工刀切割。使用砂紙磨出曲線。（圖-1）

▶製作背板、內隔板、前板

❷2×20×45、55、65mm的木板各切割4片。

❸將同長度的4片木板橫向排列並黏貼起來。乾燥後切割成76mm。為何要黏起來？因為20mm寬是市面上比較容易買到的尺寸，而且可以表現出木紋。

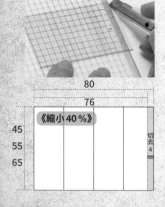

80

76			
《縮小40%》			
45			
55			
65			

切去4

木紋的方向 point

若沒有注意木紋方向，會導致美工刀的刀刃內側受損。

OK　NG

❹於前板（2×45×76mm）割出踏板的洞。（圖-2）

---

❺將內隔板（2×55×76mm）靠近踏板的部分塗成黑色。（從前板的踏板孔看進去的部分）

❻切割連接背板與內隔板用的零件。

2×10×76mm 4片
2×12×76mm 1片（頂端用）
2×6×76mm 2片

▶鍵盤

❼在3×15mm的木板上畫出鍵盤的草圖。用食人魚鋸鋸出刻痕。（圖-3）

❽左右兩端留3mm空隙，以每個鍵2.5mm的寬度刻出鍵盤。先以每5mm的間距刻出痕跡，再刻2.5mm的寬度，便能刻得整齊美觀。刻痕深度為1~2mm。

❾鍵盤塗成白色，左右兩端邊緣3mm的部分塗成黑色。上方黏上塗成黑色的1×3mm檜木條。乾燥後，若琴鍵間的空隙被塗料填滿了，可以再用美工刀刻出來。

---

❿黏上1×1×8mm黑色塗裝的黑鍵。

⓫製作貼在鍵盤前方的板子。2×15×76mm的木板使用橡木色的水性亮光漆染色，再與塗成白色的1×16×76mm木板黏貼在一起（白色會多出1mm）。經過接著的木材強度會降低，因此接著面不塗裝上色。

⓬將鍵盤、鍵盤前板、輔助材黏起來。

錯開1mm黏貼　　鍵盤
1×16×76
鍵盤前板
輔助材 5×5×76
2×15×76

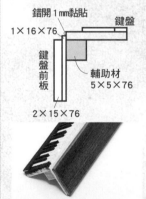

⓭切割出2×20×76mm、2×3×76mm的木板，組裝成鍵盤蓋。使用橡木色的水性亮光漆染色。

將前端稜角磨圓　2×20

2×3

▶踏板

⓮切割出3片2×10×15mm的木板。其中一片斜向對半切開，當作支撐腳架，與另外兩片接著。踏板表面塗成灰色，三角零件則塗成黑色。

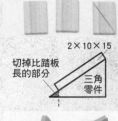

2×10×15

切掉比踏板長的部分　三角零件

▶組裝

⓯參考（圖-4）組裝背面、內隔板、前板。

《背面》

《內隔板》

《組裝範例》

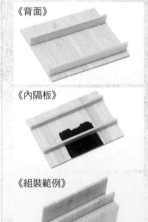

⓰黏上側板，並同樣以橡木色水性亮光漆染色。由於水分會使木材變形，因此要等接著劑完全乾燥後再上色。接著再黏貼鍵盤、踏板。

按照以下尺寸製作，便能剛好讓蓋子
組裝上去，並自由改變開關的角度。

▶實際尺寸設計圖

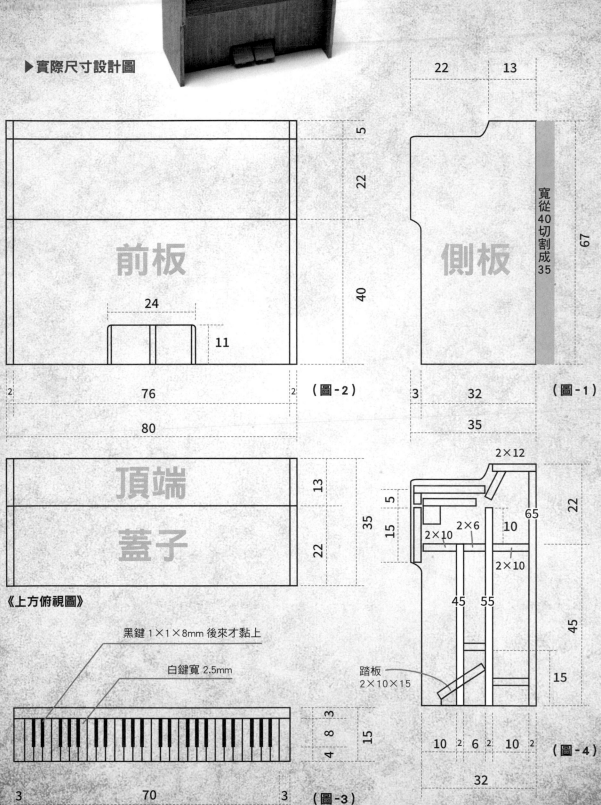

前板

24

11

76

80

2　　　　　　　　　　　　　　2　（圖-2）

5

22

40

側板

22　　　　13

寬從40切割成35

67

3　　32　　　（圖-1）

35

頂端

蓋子

13

35

22

《上方俯視圖》

2×12

2×10　2×6　10

5

15

65

22

2×10

45　55

45

踏板
2×10×15

15

10　2　6　2　10　2　（圖-4）

32

黑鍵 1×1×8mm 後來才黏上

白鍵寬 2.5mm

3
8
15
4

3　　　　70　　　　3　（圖-3）

76

茨姆利的寫字檯

♪ p.18-19／p.46-47

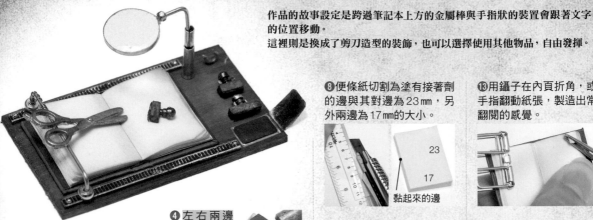

作品的故事設定是跨過筆記本上方的金屬棒與手指狀的裝置會跟著文字的位置移動。

這裡則是換成了剪刀造型的裝飾，也可以選擇使用其他物品，自由發揮。

▶製作筆記本

❶《封面》將彩色繪圖紙切割成 35×55mm 大小。0.5mm 的厚紙板依內襯尺寸切割，然後黏貼於彩色繪圖紙的中央（我使用的接著劑是多用途接著劑「クラフト小町」，因為是管狀的，比較好操作）。

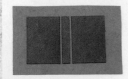

內襯尺寸（單位：mm）

17	4	17
24		

相隔1mm黏貼

❷剪去四個角，但要與內襯保留 1mm 以上的距離。

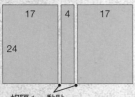

距離邊緣 1mm 以上

❸上下往內折並接著。

❹左右兩邊折進來時，用前端尖銳的工具或指甲將邊角多餘的紙往內折，角就不會翹起來。

❺《蝴蝶頁》彩色繪圖紙切割成 23×39mm 大小，黏貼於中央。乾燥後折出書背，並留下折線。

❻《內頁》從便條本上連同黏膠部分撕下厚度約 3mm 的便條紙。

❼黏膠的相反側兩端用夾子夾住，整條邊塗上接著劑，等待乾燥。

有黏膠的那一邊

❽便條紙切割為塗有接著劑的邊與其對邊為 23mm，另外兩邊為 17mm 的大小。

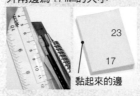

23

17

黏起來的邊

❾以化妝用粉撲沾印台（這裡用的是 Distress Ink Pad vintage photo），在去除到幾乎不帶墨水的程度下對內頁的邊緣做舊化處理。

❿《組裝》內頁邊緣塗上接著劑，黏貼於步驟❺做出來的折線中央處，等待乾燥。

⓫主要對翻開處的四邊及中央接縫做舊化處理。

⓬內頁邊緣與封面沾上少許接著劑，用面紙擦掉多餘接著劑以避免產生光澤，再用夾子固定住翻開的狀態等待乾燥。若有地方產生光澤，就用美工刀刮掉。

⓭用鑷子在內頁折角，或以手指翻動紙張，製造出常被翻閱的感覺。

▶製作檯面

⓮將 2mm 厚的檜木板切割成 34×58mm 大小。使用與步驟❾相同的手法（但不需要去除墨水）以褐色系印台整個染色。

⓯塗上帶有光澤感的 Gel Medium 凝膠劑（Artist Colour），製造光澤。

▶製作軌道

⓰在 2.5mm 寬的黑色束帶塗上黑色 Gesso 打底劑，以呈現無光澤的質感，並提升壓克力顏料的色彩表現。

⓱用洗衣夾夾住小塊的粉撲，以輕輕拍打的方式塗上珍珠白的壓克力顏料。

⑱筆記本封面全部塗上接著劑，觀察與軌道的位置關係，並黏貼於底座左側。

⑲將直徑1mm的黃銅棒彎曲為L形，並配合軌道間的距離，另一端也彎成直角。（必要長度：約50mm）

⑳細鐵線在黃銅棒上纏繞成線圈狀，尾端用施敏打硬接著劑黏住。

㉑黃銅棒兩端裝上串珠，黏貼於軌道。

▶製作印章

㉒總共要做3顆不同大小的印章。使用與步驟⑭相同的方法將的2×2mm檜木條染色，大、中、小顆的印章分別切割為8、6、5mm長。斷面也要記得染色。

㉓用藍白土翻模手錶零件的前端，並以UV樹脂做成印章握柄。依黑色Gesso打底劑→珍珠白顏料的順序塗裝上色。

樹脂硬化後會鼓起成球狀。

握柄的替代品　point

也可以用牙籤的頂端帶替樹脂當作印章握柄。

㉔印面用藍白土從圖案細緻的矽膠印章翻模，和握柄一樣，使用樹脂製作並塗裝上色。然後切割成印章的大小。

印面的替代品　point

翻模褲子用的寬鬆緊帶也可以表現出印面的感覺。

㉕將各部位組裝起來做成印章。扳開黃銅開口銷（1.6×10mm），做出3個U字形，1個直接黏在檯面，2個黏在印章握柄底部後，再接著於檯面。

▶製作印台

㉖用黑色檔圖紙切割出9×6mm及10×7mm的紙片，四個角修剪圓潤。兩張紙皆塗上黑色Gesso打底劑，較大張的紙片兩面還要再以銀色塗裝。將黃銅板切割為10×7mm大小。

裁剪　黑色Gesso　銀色

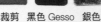

㉗放在矽膠或橡膠墊上，用針珠筆摩擦四個邊，接著再摩擦中央，這樣便能製造出帶曲線的立體感。

㉘《表現出固定螺絲》小張紙片的邊緣塗上接著劑，凸面朝上黏貼於黃銅板。四個角用錐子鑽出洞。

㉙《鉸鏈》將2小段金色的#30鐵線放成直的，用施敏打硬接著劑黏貼於印台。

㉚將大張的紙黏貼於鉸鏈旁。

▶製作放大鏡

㉛《鏡片》從黃銅板切割出1mm寬的長條，繞在圓棍上，做成直徑約13mm的圓，兩頭用施敏打硬接著劑黏起來。

㉜取一段遮蓋膠帶，黏著面朝上固定於板子，黃銅圈放到遮蓋膠帶上。將UV樹脂倒入黃銅圈內並進行硬化。黃銅圈翻面，同樣倒入樹脂，再次硬化。

㉝《支柱》將直徑1mm的黃銅棒彎成L形，前端套上孔洞較大的串珠（這裡使用扁串珠），然後與鏡片接著。

㉞圓柱（拆解插入式連接端子的內部使用）進行舊化處理，黏著於檯面，然後插入鏡片。

▶裝飾軌道

㉟軌道兩端（共4處）黏上鉚釘（或美甲用的小裝飾）。

▶用黏土製作出模型的原型

❶用透明夾之類的東西夾住紙樣（參閱p.71），在上面用約4mm的黏土沿著紙樣做出相同形狀，放置乾燥約半天。

❷進行軀幹模型正面的塑形。加上約3mm的黏土依自己預想的造型做出胸部與腹部以下的部分。

❸頸部至胸部、腹部、腰部再補上黏土塑形，以呈現出圓滑曲線，然後乾燥約3小時。

❹進行背面的塑形。後頸、背部、腰部補上黏土。

❺再補上黏土，以做出圓滑的曲線。乾燥半天～1天。

❻從前後左右、上下等角度觀察形狀是否如自己預想，並做修整。

❼乾燥後，可以反覆削掉或補上黏土，修改到接近理想的造型為止。

❽為使表面光滑，用手指抹上薄薄一層摻了水變軟的黏土。最後收尾用沾了水的筆撫平，乾燥1天以上。用美工刀將頸部、手臂的斷面切平。然後依序用#400→#800→帶有光澤感#1600的砂紙研磨，這樣便完成了原型。

▶製作馬甲

❾《紙樣》用鉛筆在軀幹模型上畫出設計圖，決定布料拼接線等。每一部分都切割紙張貼上，做出紙樣。

後中心　側線　前中心

A　B　C　D

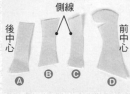

❿《裁剪》將熨斗用的薄接著襯黏在布上，並依樣畫出紙樣。為了避免布料貼到軀幹模型上時產生空隙，布料要多留2mm的空間塗接著劑（B的左右、C靠前中心的部分）。裁剪出各部位。一般在裁剪時容易裁得太大，因此要裁到看不出線的程度。D的胸部皺褶部分剪出切口，B、C預留的接著空間在腹部的地方也剪出約3個切口。

預留空間　皺褶

A B C D

⓫依B→A→C→D的順序將各部位黏貼於軀幹模型。

⓬《裝飾》在後中心將線黏貼成交叉狀。兩側再貼上2mm的絲質緞帶，布料拼接線上也可以黏貼緞帶，前中心與上下則以蕾絲裝飾。另外再加上3個蝴蝶結。

▶木製腳架

⓭將不同大小的圓板疊起來黏貼。

⓮用手鑽在裝飾棒下端中央及圓板的中心鑽出1mm的洞，然後插入直徑1mm、長6mm的黃銅棒當作補強，並接著裝飾棒與圓板。接著前各部位先用著色劑等塗裝，看起來會更美觀。

▶復古風的布面人體軀幹模型

❶在軀幹模型的前後中心、肩膀、側面、頸部、手臂、底部中心割出1mm寬、約2mm深的切口。

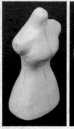

❷《正面》切口與軀幹模型表面塗上薄薄一層木工接著劑。

❸剪一大片布（範例使用的是薄棉布），用錐子之類的工具將布的中心塞進身體切口的中心位置，然後讓整塊布緊緊包著軀幹模型並做黏貼。

❹將布塞進側面的切口。

❺將布塞進肩膀、頸部、手臂的切口。

❻底部則是將多餘的布剪掉並折出皺褶，然後黏起來。

❼將跑出切口的布料剪掉。

❽《背面》與正面一樣貼上布料。

❾乾燥後用砂紙等在布的表面製造損傷。

❿塗上用水稀釋的柚木色水性著色劑（也可以使用壓克力顏料、水彩顏料）。

point

利用模具製作人體軀幹模型

若要做出好幾個相同的物品，可以用開口在底部、兩塊拼起來的矽膠模具製作。

《倒入石膏製作》
約1小時就會變硬，表面也光滑美觀，容易在上面著色作畫。

《用石粉黏土填滿模具》
乾燥超過1天後，一次拿掉一塊模具，兩面各乾燥1天。
變硬之後去掉毛邊。若表面有傷痕，塗上黏土修整，乾燥後再用砂紙修飾。石粉黏土乾燥比較花時間，但容易切、削，也方便割出切口、變更設計等進行加工。

point

不同版本的塗裝

《石膏、石粉黏土的共通點》
使用壓克力顏料（Ceramcoat的淺象牙白等）塗裝上色，再用細的砂紙修飾表面。為了表現出自然的光澤，可以塗抹少許護手霜代替蠟，然後以絲襪打磨，就能產生比亮光漆更為自然的光澤。

《石膏／木質風》
用水稀釋延展壓克力顏料或水性著色劑，並以擦手紙巾等去除筆上的水分。讓筆保持在大概可以稍微上色的狀態，以上下方向慢慢地重複塗抹（水分太多的話顏料會吃不進去）。一面乾燥，一面重複塗抹10次以上，逐漸加深顏色。

重複塗抹，調整至自己喜歡的色調。

《石粉黏土／損壞加工》
用淺象牙白塗裝上色並乾燥後，以美工刀或粗的砂紙刮磨。重複塗抹稀釋過的黑褐色，最後加上光澤。

▶加工成蒸氣龐克風造型

以拆解的手錶零件及飾品配件裝飾。

從直徑8mm的黃銅管切割出約2mm的長度，接著於頸部、手臂（稍微削掉接著處的黏土）。用石粉黏土填平管子的洞，並塗裝成金色。

用雕刻機或雕刻刀削去左胸，做出放入零件的空間，露出來的內部也塗成金色。

黃銅質感的線條是將剪成3mm寬的肯特紙塗成金色，再用黑色乾刷製造出陰影與色彩不均的感覺。鉚釘是用Setacolor 3D Brod'Perle Gold點上去的。

線圈是將#30～24的鐵線纏繞在直徑1mm的黃銅棒上製作而成。上下兩端以切成3mm長的4mm黃銅管裝飾。

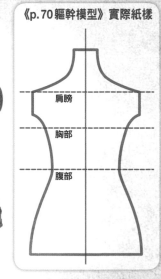

《p.70軀幹模型》實際紙樣

肩膀

胸部

腹部

將數片不同大小的墊片疊在一起，用瞬間膠接著。使用環氧樹脂補土從背面填滿墊片的孔洞，立起3mm黃銅管。

蛇腹式彩繪玻璃燈

p.24-25／p.52-53

指導老師：bambini

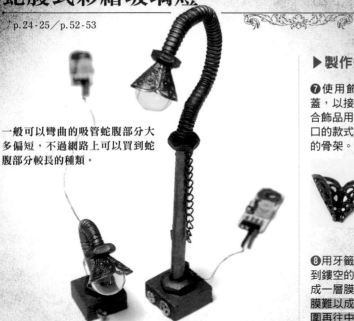

一般可以彎曲的吸管蛇腹部分大多偏短，不過網路上可以買到蛇腹部分較長的種類。

▶製作底座

❶在製作底座用的木材中央用錐子等工具鑽洞，背面再用美工刀刻出一道供電線通過的溝。

❷用筆以拍打般的方式塗上鐵褐色的 IRON PAINT 顏料（Turner色彩），然後乾燥。這樣便會呈現出金屬製品般的質地。

▶製作六角螺帽

❸將蛇腹部分較長的可彎曲式吸管折彎，剪成比例適當的長度。

❹將乾燥後硬化型的樹脂黏土（cosmos等）揉成橢圓形，剪過的吸管取蛇腹以外的部分當成壓模，在黏土中央壓出洞，然後乾燥。要做2塊像這樣的黏土。

❺用美工刀切除兩側，剩餘部分切成山形，做出六角形。依這樣的步驟切比較容易塑形，比例也漂亮。

切除　　　　　切除
 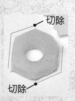
切除

❻將螺帽套進壓模用的吸管，再用筆以拍打般的方式塗上鐵褐色的 IRON PAINT 顏料，然後乾燥。

▶製作燈罩

❼使用飾品用的鏤空花紋蓋，以接著劑黏在一起，配合飾品用玻璃半圓球（有開口的款式）的尺寸做出燈罩的骨架。

❽用牙籤沾玻璃彩繪顏料點到鏤空的花紋上，顏料會形成一層膜。如果孔洞較大，膜難以成形的話，先塗抹周圍再往中間塗，會比較容易產生膜。

❾上色時如果手沒有地方拿了，將玻璃半圓球開口的那一側朝上黏於燈罩，以此當作把手會比較容易作業。所有花紋部分都上色後，等待完全乾燥。

▶製作蛇腹燈架部分

❿吸管的蛇腹部分兩端沾上接著劑，然後套入六角螺帽。將蛇腹拉直會比較容易作業。

⓫從電極端將表面黏著型 LED（SAKATSU Gallery 1.6mm×0.8mm表面黏著型 LED）穿過蛇腹（從LED端會不容易穿過去）。

⓬將蛇腹調整成燈架的形狀，在 LED 從吸管露出約 10mm 的位置用接著劑加以固定。

▶組裝

⓭將燈罩黏上。

⓮底座的洞與溝槽塗上接著劑，讓電線靠著加以黏貼。

⓯蛇腹部分使用古銅色的 IRON PAINT 顏料著色。

附防風鏡的蒸氣龐克風帽子

指導老師：細江 MIKIYO

♪ p.26-27／p.54-55

防風鏡為左右對稱的形狀，因此斜向切割時必須多加留意。用熱壓的方式多製作一些零件，只要左右的鏡框形狀一致，就能做出漂亮的成品。
（紙樣：參閱p.75）

▶帽子

❶將皮革貼在直徑18mm的厚紙板上，再剪一片多出約5mm的皮革黏貼於背面（使用手工藝用快乾膠）。

❷在剪成扇形（p.75紙樣圖）的繪圖紙上於《預留寬度》以外的部分黏貼皮革。

❸貼有皮革的一面在內，將扇形捲成圓筒狀，預留寬度塗上接著劑黏貼。

❹於步驟❶的圓形割出切口，黏貼於圓筒直徑較大的那一端。

❺將皮革黏貼於內徑17mm、外徑28mm的甜甜圈狀厚紙板。

❻厚紙板背面也貼上皮革，中間割一個直徑12mm的洞，並劃出切口。以4mm寬的皮革包著厚紙板外緣貼起來。

▶防風鏡

⓫以約35度的角度斜切5mm圓棍。

⓬加熱硬質聚氯乙烯板，以熱壓方式翻模。製作2個。

以外框固定，用電熱器加熱

用步驟⓫的圓棍壓印

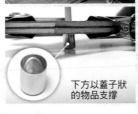

下方以蓋子狀的物品支撐

⓭切割成防風鏡的形狀，再用銼刀修整。以雕刻機等工具在中央開孔（2個都要）。

用筆做出記號

斜向切割

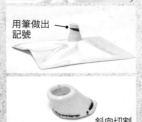

❼與步驟❹的圓筒貼合。

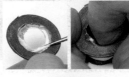

❽將圖樣的扇形切割為8等分，分別包覆皮革，然後黏貼於帽身。

❾用筆在帽身做記號，然後以錐子鑽孔（下面還要放防風鏡，因此孔的位置要上面一點）。

❿用黑色油性麥克筆將大頭針的針頭塗黑。針頭切至約1mm長，插進孔洞並接著。

⓮《頭帶孔》刻出3mm寬的切口。

⓯《鼻墊》將切為1mm寬的聚氯乙烯做成匚字形，接著於左右鏡框（使用TAMIYA CEMENT）。

⓰《鏡片》使用透明的PET樹脂板切割成鏡片，黏貼於鏡框。可以切割得大一點，黏上去後再以銼刀調整。

⓱將飾品配件（裝飾圓環）黏貼於鏡片周圍。

⓲《頭帶》整體以金色噴漆塗裝上色，乾燥後將3mm寬的皮帶穿過頭帶孔、裝上圓環，然後與帽子組合。防風鏡裝到帽子上之後再裁剪皮帶調整長度。

73

▶製作地球部分

❶ 將1mm厚檜木板切割為以下尺寸。用銼刀修整邊緣，並以鐵褐色的IRON PAINT顏料塗裝上色。

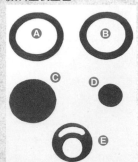

Ⓐ 內徑35mm 外徑46mm
Ⓑ 內徑34mm 外徑46mm
Ⓒ 直徑40mm（方位指針）
Ⓓ 直徑20mm
Ⓔ 參閱下圖

直徑34mm
內圓直徑17mm

❷ 準備2個透明半圓球（壓克力材質，直徑35mm，有凸緣。可在東急Hands等店家買到），切掉其中一個的凸緣，然後用銼刀研磨。

❸ 整體稍微以銼刀磨過，噴上底漆補土，然後乾燥。中央以手鑽鑽孔，正反兩面使用壓克力顏料（海霧藍）塗裝上色。

❹ 在描圖紙上描摹出下方的地圖。將描圖紙翻面，用鉛筆在線條上摩擦，轉印到地球儀上。

❺ 陸地部分塗上卡其色與古董白混合而成的色彩。以極細筆沿著地圖的輪廓描，並用英文字母寫出國名。下半部也用相同方式製作。

▶製作底座

❻ 使用圓銼刀及美工刀依紙樣削磨直徑4mm的檜木圓棍，做出周圍4隻與中央的腳，再以鐵褐色塗裝。

《中央的腳》

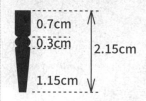

0.7cm
0.3cm
1.15cm
2.15cm

《其餘4隻腳》

0.3cm
1.2cm
0.3cm
1.5cm
0.3cm
1.0cm
4.3cm

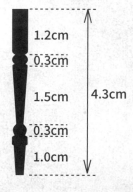

❼ 在直徑40mm的檜木板（零件Ⓒ）上依下方圖案畫出方位指針。與腳的接合處用圓銼刀稍微磨凹。

❽ 下半部塞進內徑35mm的零件Ⓐ，再套上內徑34mm的零件Ⓑ，以木工接著劑固定。與腳的4個接著面用手鑽鑽孔，將T針穿過孔、裝上腳（腳的部分也要先用手鑽鑽出孔）。連接處使用串珠用配件等加以補強。
※卡在4隻腳中間的零件Ⓒ可能會因為腳的角度而不容易塞進去，安裝腳的時候要拿Ⓒ來比一下，確認腳的角度。

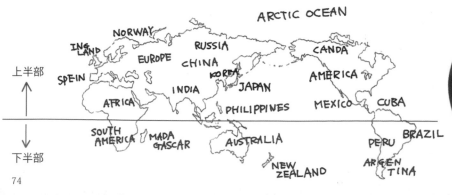

由於裝有鉸鏈，因此能自由開關。作品設計成可以打開來放酒瓶在裡面。

▶緯度尺與鉸鏈

⑨《緯度尺》配合地球部分的弧度，彎曲厚1×寬3mm的黃銅條。重點在於先彎曲，再從與弧線角度一致的部分切割出半圓的尺寸。這便是地球儀的「緯度尺」。對準相當於北極點的位置，並用手鑽鑽孔。

靠在圓棍上彎曲

⑩《鉸鏈》外徑1.4mm、內徑1mm的黃銅管分別切割出3mm、4mm、3mm的長度，然後穿過0.8mm的黃銅線。

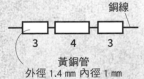

銅線

| 3 | 4 | 3 |

黃銅管
外徑 1.4mm 內徑 1mm

⑪將彎出弧度的黃銅條（緯度尺）與步驟⑩的4mm黃銅管焊接在一起。

⑫在1×3×10mm的銅板上鑽2個孔，並與步驟⑩的2根3mm黃銅管焊接在一起。確認地球上半部的北極點，切割緯度尺。

⑬從地球上半部的內側穿過T針並接著。裝上了鉸鏈的緯度尺也從外側對準T針穿過北極點的洞。切除T針多餘的部分。

切除

⑭用圓銼刀等工具加工直徑4mm的檜木圓棍，做成7mm長的裝飾，然後以鐵褐色塗裝。將此裝飾插在T針上並接著，固定住緯度尺。

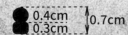

0.4cm
0.3cm
0.7cm

▶組裝

⑮零件 D 的邊緣塗上接著劑，以中空狀態黏貼於地球下半部的底部。

⑯黏貼零件 E 。

⑰在中央的腳鑽孔，以T針與接著劑固定住畫有方位指針的零件 C 。

⑱放上上半部，用T針刺穿鉸鏈的位置，從背面黏著串珠加以固定。

⑲邊緣貼上用鐵褐色塗裝的2～3mm寬繪圖紙便完成了。

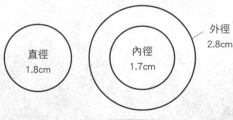

《p.73附防風鏡的蒸氣龐克風帽子》實際尺寸紙樣

直徑
1.8cm

內徑
1.7cm

外徑
2.8cm

預留空間

繪圖紙 2 張

將布料分成一部分一部分黏貼上去，也可以做出手工縫製的絨毛玩偶般的感覺。

▶用黏土做出基底

❶將樹脂黏土（這裡用的是cosmos的）揉成水滴狀，再做出圓球狀的頭。接著揉出與頭部比例適當的橢圓形身體。

❷將水滴狀的黏土對半切開當作腿。各部位分開來乾燥。

▶頭部貼上布

❸畫出較側臉大一圈的紙樣。將布對折後依紙樣切割。

頭部前端為直線

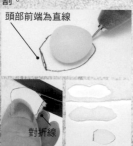

對折線

❹用切割好的布包住黏土，並以木工接著劑黏貼。無法包住的部分（頭頂至鼻子下方／鼻子下方至下顎）則另外切割布料貼上。頸部要與身體接著，因此維持露出黏土的狀態。

頭部後方

▶身體貼上布

❺製作身體的紙樣。切割出可以包覆住身體正面寬度＋身體側寬，但不包括腹部的尺寸。

頸部
側面　正面　側面

❻以木工接著劑黏貼。捏住布料再用剪刀剪掉，皺痕處就會像是縫起來的。

腹部

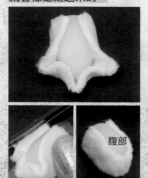

❼依腹部的形狀裁剪布料並黏貼上去。

▶腿貼上布

❽依圖片中的形狀裁剪布料，由於腳的部分要加長，而且與身體連接的部分不需要用布包住，因此布要比黏土大片。

布要大片一點

連接身體的部分

更長

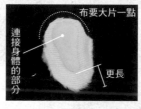

❾布包住黏土並進行接著。腳的部分裡面沒有黏土，因此就將布捏起來黏貼在一起。

❿用剪刀剪出腳的形狀。

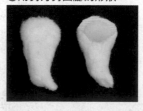

▶接著各部位

⓫以多用途接著劑將腿黏貼於身體側面。理順腿與身體連接處的毛，讓兩者看起來像是一體成形。

⓬將身體與頸部連接處的黏土切齊，然後接著。

▶製作耳朵

⓭依身體尺寸在紙上畫出比例適當的耳朵，做成紙樣。

⓮在0.2mm厚的鋁板上用剪刀剪出較紙樣長約2mm的形狀。製作2片（內層）。

2mm

⓯用布做出其中一隻耳朵的外層。裁剪一片比內層大上一圈的布（先不用黏貼）。

⓰避開曲線的頂點剪出切口，在布的邊緣塗上接著劑，然後往內折。

⑰在鋁板上裁剪出另一隻耳朵的外層。辦閒外層的曲線頂點，剪出4個切口。

⑱外層的邊緣往內折兩折。折出角度的地方用剪刀修掉。

⑲將兩耳的內層黏上，內層的下緣要稍微露出來。

⑳用剪刀將下緣露出來的部分剪成凸字形，以便插入頭部。

㉑頭部要安裝耳朵的位置用美工刀割出切口。黏土沒有完全乾燥的話，耳朵會不容易插進去。

㉒耳朵凸字形的部分塗上接著劑，插入頭部黏貼。

▶製作燕尾服

㉓做出紙樣。紙樣的形狀看起來像是身體多了圈滾邊，兩側還加上了可以往前折的三角形。

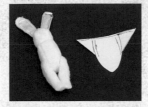

㉔由於是用裁剪剩餘的布料做出來的布，因此先在背面塗了木工接著劑並乾燥。依紙樣形狀裁剪後，在燕尾服的下襬剪出切口。

切口

㉕在身體側面剪下布的三角形部分，用木工接著劑將布黏貼於身體。下襬不需要黏貼。

㉖以相同布料剪出2個梯形，黏貼起來蓋住身體正面。

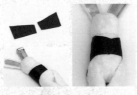

㉗剪一塊細長的合成皮，從臉的兩側至後方黏貼半圈，做成後領。

頭部後方
到臉的兩側

㉘配合衣服的V字形黏上兩塊三角形的合成皮，做出前領。

▶製作手

㉙製作手不需用到黏土。將布剪成下圖的形狀，兩側往內折並接著。接合部分的內襯要露出來。將手剪成圓潤狀。接合部分的比例要配合身體尺寸。

肩膀接合處
往內折

㉚肩膀內襯露出來的面朝上，將手臂黏貼於衣服用的布料，裁剪成圖中的形狀。

㉛將布往內側纏並黏貼。袖口纏繞並黏上剪成細條的合成皮。

㉜肩膀接合部分至手肘下方黏貼於身體。衣服正面黏上手錶用的齒輪當作鈕扣。手錶用的零件可以在網路上買到。

▶黏上尾巴

㉝以樹脂黏土做出直徑1cm的圓球，塗上木工接著劑後用圓形的布包住。趁黏土還沒變硬時包起來，就能一面塑形一面覆蓋。完成後黏貼於臀部。

▶增添裝飾

㉞《領結》將自己喜歡的布料對折黏貼，然後剪下2個細長的梯形，接著於頸部，中央再黏個小齒輪。

對折線

㉟《胸花》挑選自己喜歡的手錶零件一個個黏貼於領口旁。

㊱《眼睛、鼻子》使用手錶零件。

㊲《懷錶》將鏈條穿過飾品配件用的懷錶。切割一段極細的鋁板當作繩子，穿過鏈條尾端。鏈條掛到兔子的脖子上，於適當長度將鋁板扭成麻花狀加以固定。頸部後方稍微做黏貼。

足立（足立大樹）／立體透視模型工房「Atelier 四疊半」

1968 年生於京都。2015 年 Joshin 妖怪手錶模型大賽特別獎、鋼彈模型大賽第 3 名、VOLKS 大河原邦男模型大賽綜合第 3 名。2016 年京都 VOLKS VS 大賽 VS 組佳作（之後亦於大阪、京都之該項賽事獲獎）。濱松立體透視模型大獎賽評審特別獎。2018 年濱松立體透視模型大獎賽最優秀作品獎。

TEL.090-3714-8821
🅕 https://www.facebook.com/hiroki.adachi.520
🐦 @adacchanworld 📷 ada_cchan

遠藤 大樹

2009 年起實際展開模型製作活動，同時師事立體畫家芳賀一洋。除參與眾多袖珍屋展，並於各大賽獲獎。曾擔任《マツコ＆有吉 怒り新党》、《Nスタ》、《めざましテレビ》、《ヒーリングタイム＆ヘッドラインニュース》等電視節目來賓。負責集英社文庫《書樓弔堂・破曉》（京極夏彥著）封面之袖珍屋製作。2019 年於東京電視台《電視冠軍極〜KIWAMI〜袖珍屋王決定戰》獲勝。

https://eddi-p.net
mail▶ endoudaiki@hotmail.com

河合 行雄、河合 朝子、ASAMI／迷你廚房庵

——河合行雄／加工金屬製作為鍋子、烹調器具等縮尺模型，於各種媒體發表作品。於東京開設袖珍屋商店「迷你廚房庵」，工作內容包括承接國外訂單、國外參展、經營工作室兼商店、網路銷售，舉辦縮尺模型活動等。作品在各大百貨公司、個展、活動等都有展出。曾擔任許多電視節目來賓，並登上報紙及企業內部出版品。接獲許多國外博物館委託製作、展示，作品也曾出現於國外電視廣告、獲國外媒體介紹、國外雜誌刊載（在國外使用的名稱為 TYA kitchen）。日本縮尺模型創作者協會認證工匠（金屬工藝）。
——河合朝子／透過自學於 1990 年起開始製作袖珍屋，之後學習了袖珍屋的基本技巧。與河合行雄一同開設袖珍屋商店「迷你廚房庵」。工作內容包括承接國外訂單、國外參展、經營商店、網路販售、舉辦縮尺模型活動等。作品曾於各大百貨公司、個展展出，並擔任電視節目來賓。
—— ASAMI／京都造形藝術大學景觀設計系畢業，主要研究、學習以空間設計、環境設計為基礎的設計。在京都從事樹木職人工作表現出色。2008 年起協助經營家中的「迷你廚房庵」，直至現在。於東京都內舉辦兒童教室、百貨公司的體驗教室等各種活動，並曾獲許多電視節目邀請擔任縮尺模型講師。負責迷你廚房庵及作品之統籌管理、製作。

〒116-0011 東京都荒川区西尾久 5-13-2 TEL&FAX. 03-3893-0996
http:// minityuan.ocnk.net   mail▶ tomotomo@minityuan.ocnk.net

木下 幸子／Atelier Alicee

1980 年代起透過自學開始製作縮尺模型。除了曾於橫濱「人偶之家」舉辦個展，亦在日本縮尺模型創作者協會等各種活動、作品展參展。另外並透過開設教室（自由之丘、橫濱等地）等方式，致力於縮尺模型之普及。目前製作以陶瓷娃娃縮尺模型為主的維多利亞風縮尺模型。日本縮尺模型創作者協會理事、認證工匠（服飾創作）。

定居於鎌倉市
TEL. 080-4407-4496 (Atelier Alice)
TEL. 03-3718-0021 (自由之丘教室 Bon courage)

小島 隆雄／Doll house Factory

1954 年生於名古屋。從事店面設計、施工等工作之餘，因興趣而開始製作袖珍屋。曾在名古屋、橫濱等地數度舉辦個展。除了於東京電視台《電視冠軍第 1 屆袖珍屋王錦標賽》出場，作品也在名古屋當地電視台的袖珍屋特集中獲得介紹。2010 年、2013 年於島根縣松江英國庭園袖珍屋展。2011 年鳥取市歷史博物館袖珍屋展。2012 年島根縣濱田市世界兒童美術館袖珍屋展。2013 年高知縣立美術館袖珍屋展。2014 年青森縣立鄉土館袖珍屋展、沖繩 TOMITON 袖珍屋展。2015 年盛岡市 Nanak 袖珍屋展。2016 年前橋市鈴蘭百貨袖珍屋展。日本縮尺模型創作者協會工匠會員。現任 NH 京都文化中心講師、Vogue 學園大阪心齋橋分校袖珍屋教室講師、東京 noe cafe 教室講師，並在家中開設袖珍屋教室。2013 年 7 月起於名古屋榮中日文化中心袖珍屋教室授課。著作：《小島隆雄のドールハウス"ミニチュアワークスの世界"》（學研）、《小島隆雄の袖珍屋教本》（楓葉社）。

〒460-0007 愛知県名古屋市中区新栄 2-37-16
TEL&FAX. 052-262-4866
🅕 https://www.facebook.com/takao.kohima
📷 miniatureworks.tk0814

佐橋 良廣／Brown taste

1960 年生於岐阜縣。2008 年開始製作縮尺模型，2009 年起於各種活動參展，2014 年成立工作室「Brown taste」。主要參加活動：新宿京王百貨袖珍屋展、名古屋 Creators Market、池袋大丸百貨男人們的縮尺模型展、東急 Hands 東京。2016 年曾擔任 TBS 電視台《Nスタ》之來賓。

〒505-0052 岐阜県美濃加茂市加茂野町今泉 1552-29
TEL.&FAX. 0574-28-1597   mobile. 080-5105-3847
http://brown-taste.p-kit.com
ryoukou_gold@yahoo.co.jp

Sabrina／Atelier de Handcraft

2011 年時首次接觸剪貼手藝用的紙，認識到用紙製作出作品的樂趣。2012 年於活動參展。2013 年起，以 Sabrina 之名（本名 Chie）在東京都內等地開班授課。除了紙張，也會使用飾品配件、木材、金屬螺絲等生活中常見的物品製作作品。時時提醒自己用心打造出能讓人度過歡樂時光並洋溢笑容的作品。

https://atelier-de-handcraft.blogspot.com
🅞 atelier_de_handcraft

Thick Skirt／手工藝工作室 ThickPaPa

1962 年生於奈良縣。2011 年於神戶新聞立體透視模型教室師事吉岡和哉。2012 年全國 JMC 模型大賽「支持者大獎」。2013 年濱松立體透視模型大獎賽「山田卓司獎」、名古屋創作嘉年華「最優秀獎」。2015 年出任 Modelers' Festival 執行委員長。

〒634-0824 奈良県橿原市一町 542 ガレージケイb 棟マ　TEL.090-9219-4545
mail▶ mokeidaisuki.sachan@gmail.com

土屋 靜／T's Room

1950 年生於長野縣小諸市。1997 年開始運用實務經驗製作袖珍屋、縮尺模型家具。2000 年成立袖珍屋＆縮尺模型工作室「T's Room」。2003 年於「東京袖珍屋、縮尺模型展」參展（之後每年參展）。2003 年受萬代（股）委託，修復一世紀前的古典袖珍屋。在小學館 2007 年出版的《季節圖鑑》中共同製作 12 個月份的內容。2010 年參與江戶吉原「遊郭屋」的共同製作。2010 年企劃日本袖珍屋協會中央支部主辦之「第一屆共同作品展」（之後每年舉辦）。2013 年舉辦團體展「冬季袖珍屋展」（之後每年舉辦）。2014 年於丸善本店舉辦的《ドールハウス作家事典》出版紀念展示會參展。2015 年於東京都練馬區櫻台開設袖珍屋教室「T's Room」，並進行箱根袖珍屋美術館展示品之修復。2016 年企劃營運第一屆「男人們的縮尺模型展」（之後每年參與）。2016 年於東急 Hands 東京店、池袋店舉辦「男人們的縮尺模型展」。2017 年於東京京王百貨新宿店、大阪阪急梅田本店展示作品（之後每年展出）。2019 年舉辦「土屋靜文化教室作品展」。2020 年 2 月舉辦第 8 屆「冬季袖珍屋展」並參展。2020 年 3 月展覽因全球性傳染病 Covid-19 疫情擴大而中止。社團法人 Do It Yourself 協會認證「DIY 顧問」登錄編號 090139。日本袖珍屋協會認證講師、專家。讀賣文化袖珍屋教室講師。

〒176-0012 東京都練馬区豊玉北 4-5-16-701　TEL&FAX.03-5999-3835　mail▶ ts-room@va.u-netsurf.jp

土屋 美保

2003 年時受到袖珍屋書籍啟發，加上原本就喜歡食物樣品模型，因此開始製作食物縮尺模型，同年設立個人網頁，開始於網路販售作品及參展。2009 年以「食品」類別獲得日本縮尺模型創作者協會之工匠認證。2013 年作品刊載於《ドールハウス教本 vol.1》（2014 年亦刊載於 vol.2）。2017 年作品刊載於《彼に作ってあげたい人気の料理レシピ》。

http://milmil55.fc2web.com/

bambini

1969 年出生於德島。透過自學於 2007 年開始製作袖珍屋。曾於日本國內各縣、香港、杜拜等地之活動參展。主要以原創風格構思作品，製作出符合室內裝潢設計的袖珍屋。作品包括和風、洋風、立體透視風的縮尺模型等，比例也豐富多元。有數件和風作品於 DECKS Tokyo Beach 內的「台場一丁目商店街」常設展示。

定居於香川縣高松市
https://bambini.amebaownd.com
mail▶ wooolllooow@outlook.jp
🐦 @bambini555　🅞 bambini888

細江 MIKIYO／Meru's studio

約在 1996 年透過書籍認識了袖珍屋，並在 2003 前後開始製作原創作品。日本縮尺模型創作者協會、日本袖珍屋協會會員。於各協會的活動及百貨公司的展示銷售會參展。

🐦 @merustudio　🅞 mikiyo_hosoe

槙田 周造

1957 年生於大阪，京都嵯峨美術短期大學視覺設計系畢業。在東京的廣告代理公司工作後，於 1991 年自行創業。從事平面設計、裝幀工作之餘，透過自學開始製作袖珍屋＆縮尺模型。曾舉辦縮尺模型＆袖珍屋個展，並於各大展覽、百貨公司之活動參展。作品「美術室」在 2017 年刊載於《ドールハウス～わが街ニュータウン～》（玄辰舍）、「卡夫卡的變身」、「海底兩萬哩」在 2018 年刊載於《ドールハウス名作劇場》（玄辰舍）。製作理念是希望透過以 1/12 比例為基礎的縮尺模型，帶來原創的世界觀與空間表現。

DOLL HOUSE KYUHON vol. 7 - MINIATURE × STEAMPUNK
Copyright © 2020 ISHINSHA
Originally published in Japan by Ishinsha INC.,
Chinese (in traditional character only) translation rights arranged
with Ishinsha INC., through CREEK ＆ RIVER Co., Ltd.

照片／イ・ジュン
照片提供／p.78・Getmilitaryphotos/Shutterstock.com／p.24・Andrey_Kuzmin/Shutterstock.com
設計／シマノノノ
編輯／島野 聰子

出版／楓葉社文化事業有限公司
地址／新北市板橋區信義路163巷3號10樓
郵政劃撥／19907596　楓書坊文化出版社
網址／www.maplebook.com.tw
電話／02-2957-6096
傳真／02-2957-6435
翻譯／甘為治
責任編輯／王綺
內文排版／楊亞容
港澳經銷／泛華發行代理有限公司
定價／320元
出版日期／2021年12月

國家圖書館出版品預行編目資料

蒸氣龐克袖珍屋教本／足立大樹等作；甘
為治翻譯. -- 初版. -- 新北市：楓葉社文化
事業有限公司, 2021.12　　面；　公分
ISBN 978-986-370-344-0（平裝）

1. 玩具　2. 房屋

479.8　　　　　　　　　110016867